21世纪高等教育计算机规划教材

软件项目管理
实用教程

Software Project Management

李英龙 毛家发 郑河荣 编著

U0237192

人民邮电出版社

北 京

图书在版编目（CIP）数据

软件项目管理实用教程 / 李英龙，毛家发，郑河荣
编著. -- 北京 : 人民邮电出版社，2016.1（2023.7重印）
21世纪高等教育计算机规划教材
ISBN 978-7-115-41540-0

Ⅰ. ①软… Ⅱ. ①李… ②毛… ③郑… Ⅲ. ①软件开
发－项目管理－高等学校－教材 Ⅳ. ①TP311.52

中国版本图书馆CIP数据核字(2016)第008011号

内 容 提 要

软件项目管理是软件工程和项目管理的交叉学科，是项目管理的原理和方法在软件工程领域的
应用，它所涉及的范围覆盖了整个软件工程过程。本书以项目管理知识体系（PMBOK）的9大知识
域来组织章节内容，详细介绍了软件项目的范围管理、时间管理、成本管理、质量管理、人力资源
管理、沟通管理、风险管理、采购管理和整体管理。书中的重要知识点都配有样例或模板，同时各
章都附有相关案例，这些来源于著名IT企业的管理实践案例本身就是对软件开发项目管理最好的诠
释。此外每章后还配有习题和实践指导，供读者复习和增加课外知识之用。内容精练、结构逻辑性
强、理论与实践相结合是本书的最大特点。

本书的编著者均为具有相关专业博士学位的高校教师，他们同时担任IT企业软件项目开发与管理
的高级工程师和顾问，具有丰富的软件项目管理教育和实践经验。本书既可作为高等院校软件工
程专业和计算机相关专业的教材，也可以作为软件项目管理从业人员的培训教材和参考书。

◆ 编　著　李英龙　毛家发　郑河荣
　　责任编辑　邹文波
　　执行编辑　吴　婷
　　责任印制　沈　蓉　彭志环

◆ 人民邮电出版社出版发行　　北京市丰台区成寿寺路11号
　邮编　100164　电子邮件　315@ptpress.com.cn
　网址　http://www.ptpress.com.cn
　　固安县铭成印刷有限公司印刷

◆ 开本：787×1092　1/16
　印张：12.5　　　　　　　　　　　2016年1月第1版
　字数：277千字　　　　　　　　　2023年7月河北第17次印刷

定价：35.00 元
读者服务热线：(010)81055256　印装质量热线：(010)81055316
反盗版热线：(010)81055315

前　言

近年来，软件产业以惊人的速度发展，从而使软件产业的地位在经济发达国家提到了空前的高度。虽然软件产业在国内得到了迅速发展，但是软件项目实施效果却不容乐观。调查分析表明，大约 70%的软件项目超出预定开发周期，大型项目平均超出计划交付时间的 20%～50%，90%以上的软件项目开发费用超出预算，并且项目越大，超出项目计划的程度越高。是什么原因造成了这种状况？答案是缺少项目管理。项目管理凭借对范围、时间、成本和质量四大核心因素把控的优势，能够使任务过程标准化，减少工作疏漏，并确保资源有效利用，最终使用户满意。在当今商业机构间的全球化竞争中，IT 企业越来越明显地感受到，随着用户需求的不断增长，技术不再是难题，规范化管理被提到重要位置。项目管理作为软件开发与项目成功的重要保证，已成为公认的 IT 企业的核心竞争力之一。

本书按照 PMBOK（项目管理知识体系）安排组织章节内容，结合软件项目的特点，详细介绍了软件项目的范围管理、时间管理、成本管理、质量管理、风险管理、人力资源管理、沟通管理、采购管理和整体管理。其中重要的知识点都配有示例和模板，易于阅读和理解。本书每章都附有相关案例研究，这些来源于实践的案例本身就是对软件开发项目管理最好的诠释。此外，每章后面还配有习题和实践指导，供读者复习和增加课外知识之用。

本书的编著者均为具有相关专业博士学位的高校教师，他们同时担任 IT 企业软件项目开发与管理的高级工程师和顾问，具有丰富的软件项目管理教育和实践经验。本书强调理论和实践的结合，内容精练，结构逻辑性强。本书配有授课 PPT、教学大纲、教学计划等教辅材料，既可作为高等院校软件工程、计算机相关专业的教材，也可以作为软件项目经理和各类软件工程技术管理人员的培训教材和参考书。

感谢范菁、王万良、朱艺华、沈国江、江颉、郑宇军、杨良怀等教授的指导和帮助，以及感谢张明国、熊淑卿、陈伊等人在图文编辑方面的帮忙。由于作者水平有限，本书难免出现一些错误和不妥之处，敬请读者批评指正。

李英龙

2015 年 12 月

目　录

第1章
软件项目管理概述

项目管理由来已久，人类数千年来进行的组织工作和团队活动无不体现了项目管理的过程，如北宋的"一举而三役济"工程，可谓项目管理的典范，但同时，人们又很难透彻理解和真正把握项目管理的精髓，真可谓不识庐山真面目。

本章将详细介绍项目、项目管理、软件项目、软件项目管理的基本概念，阐述项目和软件项目的特征、项目管理学科的发展、项目管理的知识体系（PMBOK）、软件项目管理过程和常见问题等内容，通过这些内容的讲解，读者可以对软件项目管理的基本知识有一个大致的了解。

1.1 项目和软件项目

1.1.1 项目

1. 项目定义

所谓项目，就是在既定的资源和要求下，为实现某种目标而相互联系的一次性工作任务。此外，美国项目管理协会（Project Management Institute，PMI）对项目的定义是：项目是为创造特定产品或服务的一项有时限的任务。中国项目管理委员会给出的项目定义为：项目是一个特殊的将被完成的有限任务，它是在一定时间内，满足一系列特定目标的多项相关工作的总称。从这些定义中，我们可以看出项目包含三层含义。

（1）项目是一项有待完成的任务，有特定的环境与要求。

（2）项目必须在一定的组织机构内，利用有限的资源（人力、物力、财力等）在规定的时间内完成任务。

（3）项目任务要满足一定性能、质量、数量、技术指标等要求。

项目可以是建造一座桥梁，安排一场演出活动，开展某个研究课题，研制一种新药，设计开发一个信息系统等。

然而有些活动却不能称为项目，比如"上班""炒股""每天的卫生保洁"等都不能称为项目，而是日常工作。

项目与日常工作的不同之处有以下几点。

（1）项目具有时限性和唯一性，而日常工作通常有具有连续性和重复性。

（2）项目管理以目标为导向，而日常工作是通过效率和有效性体现的。

（3）项目通常是通过项目经理及其团队工作完成的，而日常工作大多是职能式的线性管理。

（4）项目存在大量的变更管理，而日常工作则基本保持连续性和连贯性。

2．项目的特征

项目具有以下基本特征。

（1）目的性。项目工作的目的（或目标）在于得到特定的结果，其结果可能是一种期望的产品或服务，例如，一个软件项目的目标可以是一个在线医疗挂号系统。

（2）独特性。每个项目都有其独特的特点，每个项目都是唯一的。

（3）时限性。项目要在一个限定的时间内完成，是一种临时性活动，有明确的起止时间。

（4）不确定性。在项目的具体实施中，难以预见的内外部因素变化，会给项目带来一些风险，使项目出现不确定性。优秀的项目经理和科学的管理方法是项目成功的关键。

（5）不可逆转性。项目存在一个从开始到结束的过程，这称之为项目的生命周期。不论结果如何，项目结束了，结果也就是确定了，是不可逆转的。

1.1.2　软件项目

1．软件

软件是与计算机系统操作有关的程序、数据及相关文档的总称。程序是按事先设计的功能和性能要求执行的指令序列；数据是使程序能正常操纵信息的数据结构；文档是与程序开发、维护和使用的图文资料。

软件具有以下特点。

（1）软件本身是复杂性的，它的复杂性源自于应用领域实际问题的复杂性和应用软件技术的复杂性。

（2）软件是一种逻辑实体，无具体的物理实体，具有抽象性。

（3）软件开发和使用受到计算机系统的限制，对计算机系统有不同程度的依赖。为了减少这种依赖，在软件开发中提出了软件的可移植性问题。

（4）软件产品不会因为多次反复使用而磨损老化，一个优质软件是可以长期使用的。

（5）软件产品设计和开发费用昂贵，而批量生产则成本低廉。开发成功后，只需对原版软件进行复制即可批量生产，因此软件的知识产权保护显得尤为重要。

（6）软件在运行中的维护工作比硬件维修复杂得多。运行时的缺陷、用户的新要求、硬件软件环境变化等都需要对软件进行修改，进行适应性维护，当软件规模庞大、内部逻辑关系复杂时，软件的维护工作量大而且复杂。

2．软件项目

软件项目是一种特殊的项目，它创造的唯一产品或者服务是逻辑体，没有具体的形状和尺寸，只有逻辑的规模和运行的效果。软件项目不同于其他项目，不仅是一个新领域而且涉及的因素很多，管理也比较复杂。

软件项目除了具备前面介绍的一般项目的基本特征（见 1.1.1 节）之外，还具有如下特点。

（1）目标渐进性

软件项目，作为一类特殊的项目，按理说，一开始也应该有明确的目标，然而，实际的情况却是大多数软件项目的目标不是很明确，经常出现任务边界模糊的情况。在项目前期只能粗略地进行项目定义，随着项目的进行才能逐渐完善和明确。

（2）智力密集型

软件项目是智力密集型项目，软件项目工作的技术性很强，需要大量高强度脑力劳动。因此必须充分挖掘项目成员的智力、才能和创造精神，不仅要求开发人员具有一定的技术水平和工作经验，而且还要求他们具有良好的心理素质和责任心。与其他性质的项目相比，软件项目中人力资源的作用更为突出，必须在人才激励和团队管理问题上给予足够的重视。

1.2　项目管理知识体系

项目管理知识体系（Project Management Body of Knowledge，PMBOK）是美国项目管理学会（PMI）对项目管理所需的知识、技能和工具进行的概括性描述，现已成为国际社会普遍接受的项目管理知识体系标准。《项目管理知识体系指南》（PMBOK 指南），对项目管理知识体系的子集进行了专业分类和描述，定义了项目生命周期、9 大知识域和 5 大管理过程。

1.2.1　项目生命周期

为了有效完成某些重要的可交付成果，在需要特别控制的位置将项目分段，就形成了项目阶段。项目生命周期是通常按顺序排列，而有时可能相互交叉的各阶段的集合。

1．项目生命周期五阶段理论

在项目生命周期各种理论中，项目的生命周期五阶段的观点被人们广泛接受，也是 PMBOK 所认同的，一般的项目生命周期包括五个阶段：项目启动阶段、规划阶段，执行阶段、控制阶段和收尾阶段。各阶段的主要工作如下。

（1）启动阶段

项目获得授权正式被立项，并成立项目组，宣告项目开始，启动是一个认可的过程，用来正式认可一个新项目或新阶段的存在。在此过程中，最重要的是确定项目章程和项目初步范围说明书。

（2）规划阶段

明确项目范围，定义和评估项目目标，选择实现项目目标的最佳策略，制订项目管理计划。

（3）执行阶段

执行是基于计划的，包括调动各种资源，保证项目计划工作的实施。

（4）控制阶段

控制阶段的主要工作包括监控和评估项目偏差，及时采取纠正行动，以保证项目计划的执行，实现项目目标。

执行和控制一般是同时进行的，有时可以合并为一个阶段。

（5）收尾阶段

完成项目验收，使其按程序结束，也包括项目后评价等工作。

项目生命周期内五个项目阶段是相互联系、相互影响的，它们的关系如图 1-1 所示。

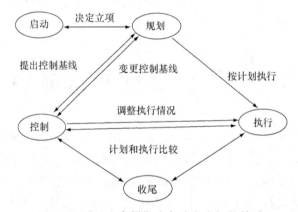

图 1-1　项目生命周期内各阶段之间的关系

项目生命周期内各阶段的资源（人员和成本等）投入如图 1-2 所示。

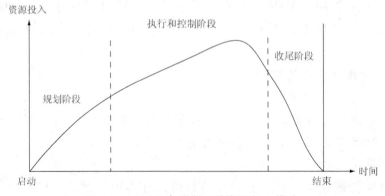

图 1-2　项目生命周期及其资源投入模式

2．项目生命周期的重要概念

项目生命周期中与时间相关的重要概念有检查点、里程碑等，它们描述了在什么时候对项目进行什么样的控制。

（1）检查点

检查点指的是在规定的时间间隔内对项目进行检查，比较实际现状与计划之间的差异，并根据差异进行调整。可将检查点看作一个固定的采样时间，时间间隔需要根据项目周期长短不同而不同，频度过小会失去意义，频度过大会增加管理成本。常见的时间间隔是每周一次，项目经理通过召开项目例会或上交周报等方式来检查项目进展情况。

（2）里程碑

里程碑指得是完成阶段性工作的标志。不同类型的项目里程碑也不同，例如，在软件项目中，需求的最终确认、产品的移交等关键性任务都可以作为项目的里程碑。

里程碑在项目管理中具有重要意义。首先，对一些复杂的项目，需要逐步逼近目标，里程碑产出的中间"交付物"是每一步逼近的结果，也是控制的对象。如果没有里程碑，中间想知道"项目做得怎么样了"是很困难的。其次，可以降低项目风险。通过早期的项目评审可以提前发现需求和设计中的问题，降低后期修改和返工的可能性。另外，还可根据每个阶段产出的结果，分期确认收入，避免血本无归。最后，一般人在工作时都有"前松后紧"的习惯，而里程碑强制规定在某段时间做什么，从而可以合理分配工作，细化管理。

（3）基线

基线指的是一个配置在项目生命期的不同时间点上，通过正式评审而进入正式受控的一种状态。基线其实是一些重要的里程碑，但相关交付物要通过正式评审并作为后续工作的基准和出发点。

1.2.2　PMBOK 知识体系

PMBOK 包括项目管理的 9 大知识域，其中核心的 4 大域是项目的范围管理、时间管理、成本管理和质量管理。打个比方可能更容易理解，比如可以把项目范围管理看成是房子的屋顶，则时间管理、成本管理和质量管理就是撑起房顶的屋脊，剩下的风险管理、人力资源管理、沟通管理和采购管理则是建造房屋必要的沙子、水泥等辅料，所有的元素合在一起就是项目的整体管理，如图 1-3 所示。

9 大知识域如下。

（1）整体管理

主要管理过程包括制定项目章程、制定项目管理计划、项目执行指导与管理、项目工作监控、项目整体变更控制、项目收尾管理。

（2）范围管理

主要管理过程包括范围管理规划、需求收集、范围定义、WBS 创建、范围核实和范围控制。

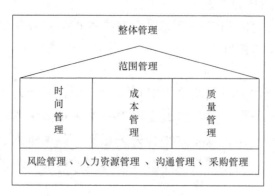

图 1-3　项目管理 9 大知识域结构图

（3）时间管理

主要管理过程包括进度管理规划、活动定义、活动排序、活动资源估算、活动历时估算、制定进度计划与进度控制。

（4）成本管理

主要管理过程包括成本管理规划、成本估计、制定预算、成本控制。

（5）质量管理

主要工作包括质量管理规划、质量保证、质量控制。

（6）人力资源管理

主要工作包括人力资源管理规划、团队组建、团队建设和团队管理。

（7）沟通管理

主要工作包括干系人识别、沟通管理规划、沟通管理和沟通控制。

（8）风险管理

主要工作包括制定项目风险管理规划、风险识别、风险分析（定性和定量分析）、风险应对和风险控制。

（9）采购管理

主要工作包括采购管理规划，采购实施、采购控制、采购结束管理。

1.2.3　项目管理框架

PMBOK 除了给出的项目管理 9 大知识域体系，还给出了 5 大项目管理过程，分别是启动、规划、执行、控制和收尾过程，分别对应着项目生命周期五个阶段。这 9 大知识域和 5 大管理过程，构成了（软件）项目管理的整体框架，如表 1-1 所示，这个矩阵中的内容是项目管理者应该掌握的基本管理过程。

9 大知识域的各个管理过程是相互联系和相互作用的，因此需要对项目进行整体管理，例如，为应急计划制定成本估算时，就需要整合成本、时间和风险管理知识域中的相关过程。

项目管理的整体框架如表 1-1 所示。

表 1-1　　　　　　　　　　　　　项目管理框架

知识域	项目管理过程组				
	启动	规划	执行	控制	收尾
整体管理	10.1 制定项目章程	10.2 制订项目管理计划	10.3 项目执行指导与管理	10.4 项目工作监控 10.5 项目整体变更控制	10.6 项目收尾管理
范围管理		2.1 范围管理规划 2.2 需求收集 2.3 范围定义 2.4 WBS 创建		2.5 范围核实 2.6 范围控制	
时间管理		3.1 进度管理规划 3.2 活动定义 3.3 活动排序 3.4 活动资源估算 3.5 活动历时估算 3.6 制订进度计划		3.7 进度控制	
成本管理		4.1 成本管理规划 4.2 成本估算 4.3 制定预算		4.4 成本控制	
质量管理		5.1 质量管理规划	5.2 质量保证	5.3 质量控制	
人力资源管理		6.1 人力资源管理规划	6.2 团队组建 6.3 团队建设 6.4 团队管理		
沟通管理	7.1 干系人识别	7.2 沟通管理规划	7.3 沟通管理	7.4 沟通控制	
风险管理		8.1 风险管理规划 8.2 风险识别 8.3 风险分析 8.4 风险应对		8.5 风险控制	
采购管理		9.1 采购管理规划	9.2 采购实施	9.3 采购控制	9.4 采购结束管理

1.3　软件项目管理

1.3.1　软件生命周期

大多数软件生命周期被划分为 4～5 个阶段，但也有些被划分为更多阶段，甚至同一应用领域的软件项目也可能被划分成明显不同的阶段，例如，某软件开发的生命周期中也许只有一个设计阶段；而另一个软件可能会有概要设计和详细设计两个设计阶段。但多数软件生命周期有着共同的特征，一般划分为以下 5 个阶段。

（1）计划阶段

此阶段软件开发方和需求方共同讨论，定义软件系统，确定用户要求和总体目标，提出可行的方案，包括资源、成本、效益和进度等实施计划，进行可行性分析并制定"软件开发计划书"。

（2）需求分析阶段

此阶段确定软件的功能、性能、接口标准、可靠性等要求，根据功能需求进行数据流程分析，提出系统逻辑模型，并进一步完善项目实施计划。

（3）系统设计阶段

此阶段主要根据需求分析的结果对整个软件系统进行设计，包括系统概要设计和详细设计。在系统概要设计中，要建立系统的整体结构和数据流图，进行模块划分，根据接口要求确定接口等；在详细设计中，要建立数据结构、算法、流程图等。

（4）系统实现阶段

此阶段包括编码和测试，编码就是把系统设计的结果转换成计算机可运行的程序代码，编码应该符合标准和规范化，以保证程序的可读性和易维护性，提高运行效率；测试就是发现软件中存在的问题，并加以纠正，测试过程包括单元测试、整体测试和系统测试 3 个阶段，测试过程中需要建立详细的测试计划以减少测试的随意性。

（5）系统维护阶段

此阶段通常有 3 类工作，为了修改错误而做的改正性维护，为了适应新环境而做的适应性维护，以及为了用户新需求而做的完善性维护。良好的运行维护可以延长软件的生命周期，乃至为软件带来新的生命。

传统的软件开发就是利用软件工程思想逐阶段进行开发，但这种生命周期开发模型缺乏软件项目管理的内容，当今软件项目开发更加强调软件工程思想与软件项目管理理念的结合。

1.3.2　软件项目管理特征

软件项目是特殊的一类项目，软件项目生命周期和一般项目生命周期相似，也包括软件项目启动阶段、规划阶段、执行阶段、控制阶段和收尾阶段，每个阶段有着相应的管理过程，即软件项目启动管理过程、规划管理过程、执行管理过程，控制管理过程和收尾管理过程。

软件项目管理除了具备一般的项目管理的特征之外，还有自身的特征。

（1）前瞻性

软件行业相对传统行业来说，信息技术发展速度十分迅猛，这就意味着软件项目管理者必须具备相当的前瞻性。因此，软件项目的策划、选择和事前评估就变得更为重要，而不像传统项目管理那样重视项目的执行管理。

（2）及时性

软件项目风险很大程度上来自于软硬件技术的快速更新，也就是说软件项目进度越缓慢，技术革命带来的威胁就越明显，项目失败的可能性就越大，因此软件项目的风险管理就更加重要。

（3）合作性

由于项目规模不断扩大，合作性成了软件项目管理的一个重要特征。主要表现在两个方面，一是项目组内部的协作性，二是项目团队和外部的合作性。软件项目往往集成了软件、硬件、通信、咨询等方面，这就要求项目管理者不但综合技术能力要高，而且能与利益相关者处于密切的协作中，这是项目成功的一个重要因素。

（4）激励性

软件项目的人力资源是以知识型和技术型为主的，因此，相对于其他类型的项目更强调激励性，良好的激励机制，不但可以减少人力资本的流失，而且可以激发团队挑战软件项目的高难度，充分发挥团队每位成员的积极性和创造性，按时高质量地完成项目，赢得业界声誉和新的商业机会。

1.3.3　软件项目管理过程

项目管理在软件开发的技术工作之前就应该开始，而在软件从概念到实现的过程中继续进行，并且只有当软件开发工作最后结束时才终止。其过程可分为以下几个部分，如图 1-4 所示。

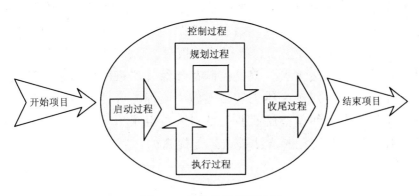

图 1-4　软件项目管理过程

1. 启动阶段

项目获得授权正式被立项，并成立项目组，宣告项目开始，启动是一个认可的过程，用来正式认可一个新项目或新阶段的存在。在此过程中，最重要的是确定项目章程和项目初步范围说明书。

（1）项目章程是在客户和项目经理达成共识后建立的，主要包括项目开发人员、粗的成本估算和进度里程碑等信息，详见 10.1 节。

（2）项目初步范围说明书包含了范围说明书涉及的所有内容，还包含了初步的工作分解结构（WBS）、假设约束、风险、开发人员、目标、项目范围和边界、交付物、粗略进度里程碑、粗略成本估算和验收准则等诸多内容。

2．规划阶段

项目的有效管理直接依赖于项目规划，编制项目规划的主要目的是指导项目的具体实施。为了指导项目的实施，规划必须具有现实性和有效性。因此，需要做出一个具有现实性和实用性的基准计划，需要在计划编制过程中投入大量的时间和人力。

项目规划的详细和复杂程度与项目的规模、类型密切相关，但规划的编制工作顺序基本相同，包括：目标分解、任务活动的确定、任务活动分解和排序、完成任务的时间估算、进度计划、资源计划、费用预算和计划文档等。除此之外，制订计划还要考虑质量计划、组织计划、沟通计划、风险识别及应对措施等。对各个方面考虑得越周详，越有利于下一阶段的工作进行。

当一个项目的工作需要使用外部承包商和供应商的时候，在项目规划和设计阶段通常还会包括对外发包和合同订立工作，这项工作也属于计划安排的范畴。

3．执行和控制阶段

一旦建立了项目的基准计划，就必须按照计划执行。这包括按计划执行项目和控制项目，以便在预算内、按进度完成项目，并使顾客满意。项目执行过程包括协调人员和其他资源，以便实施项目规划，并得到项目产品或可交付成果。

在项目执行过程中，项目信息的沟通显得尤为重要，及时提交项目进展信息，以项目报告的方式定期沟通项目进度，为质量保证和成本控制提供手段。

一旦进入了执行阶段，就可以开始着手追踪和控制活动。由项目管理人员负责监督和追踪项目的执行情况，提供项目执行绩效报告。范围变更、进度延迟、预算超支，质量保证是项目控制的关注重点。变更控制都要经过严格的项目整体变更管理过程处理。此外，还要采取各种行动去纠正项目实施中出现的各种偏差，使项目实施工作保持有序和处于受控状态。纠偏措施有些是针对人员组织与管理的；有些是针对资源配置与管理的；有些是针对过程和方法的改进与提高的。

4．收尾阶段

项目的最后环节就是项目的收尾过程。这个阶段的主要工作是全面检验项目工作和项目产出物，对照项目定义、项目目标和各种要求，确认项目是否达到目标或要求。当项目验收通过或者修改后验收通过，就可以正常结束项目，进行项目移交，否则就应该进行项目清算。

项目各种开发和管理文档的完整性和一致性检查也是收尾工作的重要内容。此外项目后评价和经验总结也非常重要，这些经验和数据积累对于以后的项目有非常重要的指导意义。

以上过程是指导性的,在实际实施某一软件项目时,可根据项目性质、项目规模、工作重点等灵活制定相应的管理过程。

1.3.4 软件工程和软件项目管理的关系

一般来说,软件工程关注软件产品内容,软件项目管理关注软件项目过程。例如,在软件开发项目中,需求分析、概要设计、详细设计、编码、测试等工作,都属于软件工程的范畴,这些工作都是由软件产品开发的要求而存在的,是由相应的工程规范来约束的,软件工程规范就是软件产品的生产艺术。但是项目的启动、规划、执行、控制和收尾等管理过程(组)则属于项目管理的范畴,这些管理过程组又分别包括了范围管理、时间管理、成本管理、质量管理等知识域的子管理过程(见表 1-1)。软件工程是围绕软件产品管理的,项目管理是围绕项目过程的,它们的关系是相辅相成的。

当今软件项目开发更加强调软件工程思想与软件项目管理理念的结合。

1.3.5 软件项目管理常见问题分析

当今软件系统已经应用于许多领域,但软件项目的成功率并不高。软件项目失败的原因有很多种,其中比较普遍的问题如下。

1. 缺乏专业的软件项目管理人才

在 IT 企业中,以前几乎没有专门招收项目管理专业的人员来担任项目经理(甚至很少是管理专业的),被任命的项目经理主要是因为他们能够在技术上独当一面,而管理方面特别是项目管理方面的知识比较缺乏。项目经理或管理人员不了解项目管理的知识体系和一些常用工具和方法,在实际工作中没有项目管理知识的指导,完全依靠个人现有的知识技能,管理工作的随意性、盲目性比较大。如果软件项目经理能够接受系统的项目管理知识培训,在具备了专业领域的知识与实践的同时,再加上项目管理知识与实践经验的有机结合,必能大大提高软件项目经理的项目管理水平。

2. 项目规划不充分

没有良好的项目管理规划,项目的成功就无从谈起。项目经理对总体计划、阶段计划的作用认识不足。项目经理认为计划不如变化快,项目中也有很多不确定的因素,做规划是走过场,因此制定总体计划时比较随意,不少事情没有仔细考虑,另外阶段计划因工作忙等理由经常拖延,造成计划与控制管理脱节,无法进行有效的范围、进度、成本、风险等控制管理。

渐近明细是软件项目的特点,但这并不意味着不需要计划。没有计划或者是随意的不负责任的计划的项目是一种无法控制的项目。在 IT 行业,日新月异是主要特点,因此计划的制定需要在一定条件的限制和假设之下采用渐近明细的方式进行不断完善。

3. 管理意识淡薄

部分项目经理没有意识到自己项目经理的角色，没有从总体上去把握管理整个项目，而是埋头于具体的技术工作，造成项目组成员之间忙的忙、闲的闲，计划不周、任务不均、资源浪费。

在 IT 企业中，项目经理大多是技术骨干，技术方面的知识比较深厚，但无论是项目管理知识，还是项目管理必备的技能、项目管理必备的素质都有待学习和提高，项目管理经验也有待丰富。有些项目经理对于一些不服管理的技术人员，没有较好的管理方法，不好安排的工作只好自己做。

4. 沟通意识和态度问题

在项目中一些重要信息没有进行充分和有效的沟通。在制定计划、意见反馈、情况通报、技术问题或成果等方面与相关人员的沟通不够，造成各做各事、重复劳动，甚至造成不必要的损失；有些人没有每天定时收邮件的习惯，以至于无法及时接收最新的信息。

项目沟通管理指出："管理者要用 70%的时间用于与人沟通，而项目经理需要花费 90%或更多的时间来沟通"。和问题 3 的情况类似，在 IT 企业中，项目经理大多是技术骨干，而项目组成员也都是"高科技人员"，都具有"从专业或学术出发、工作自主性大、自我欣赏、以自我为中心"等共同的特点。因此妨碍沟通的因素主要是"感觉和态度问题"，也就是沟通意识和习惯的问题。在系统的实施阶段或软件开发的试运行阶段，项目成员基本上是持续地在客户方进行工作，这种情况非常容易忽视沟通。

5. 风险意识问题

项目经理没有充分分析可能的风险，对付风险的策略考虑比较简单。项目经理在做项目规划时常常没有做专门的风险管理计划文档，而是合并在项目计划书中。有些项目经理没有充分意识到风险管理的重要性，对计划书中风险管理的章节简单应付了事，随便列出几个风险，随便地写一些简单的对策，这些对于后面的风险防范起不到什么指导作用。

6. 项目干系人管理问题

项目的目的就是实现项目干系人的需求和愿望。在范围识别阶段，项目组对客户的整体组织结构、有关人员及其关系、工作职责等没有足够了解以致于无法得到完整需求或最终经权威用户代表确认的需求。由于项目经理的工作问题，客户参与程度不高，客户方责任人不明确，对前期范围和需求责任心不强和积极性不够，提出的要求具有随意性；或者是多个用户代表各说各话，昨是今非但同时又要求项目尽早交付。如果干系人在项目后期随意变化需求，则会造成项目范围的蔓延，进度的拖延，成本的扩大。

7. 不重视项目经验总结

项目经验总结非常重要，有利于组织内部或行业内部经验与数据的积累，这些经验积累对于以后的项目有非常重要的指导意义。历史的经验数据可以使新的项目进行更为准确全面的规划，历史的经验教训可以使新的项目少走不必要的弯路，少花不必要的代价，减少项目失败的风险。

然而，项目经理在项目结束时有些是因为自身对写文档工作的兴趣或意识，或者是因为紧接着要参加下一个项目，总体对项目总结的重视程度不够。有些是项目总结报告一再拖延，有些是交上来的报告质量较低，敷衍了事。

综上所述，决定一个项目失败的因素很多。一个好的管理虽然还不一定能保证项目成功，但是，坏的或不适当的管理却一定会导致项目失败。随着软件项目规模的扩大、复杂性的增加，项目管理在软件项目实施中发挥着越来越重要的作用。

1.4　案例研究

案例一　神州数码向项目管理要效益

神州数码这几年项目管理的变化是 IT 服务行业的一个缩影。

（1）软件项目的特殊性：签单越多，有可能亏损越多

神州数码自 2000 年之后，软件服务从硬件系统集成中剥离出来，成为一个独立运作的业务单元。业内的趋势已经非常明显，硬件系统集成的利润快速下滑，而软件服务业务则被寄予厚望。

然而神州数码自专注于软件服务业务之后，却发现面临一个完全不同的业务规则。虽然软件服务业务看起来毛利很高，但实际上非常难以盈利。项目越做越多、单子越签越大，但是出的问题也越来越多，大量的项目陷入严重的困境，项目经理苦苦挣扎，但客户满意度依然不高，后续的钱款很难收回。甚至有的大型项目陷入濒临失败的状态，公司高层不断地出去救火。一两个问题项目可能使整个公司受到严重影响。

在这种情况下，神州数码彻底地从硬件销售和硬件系统集成的思维中摆脱出来，开始认识到软件服务业务有其特殊性，软件服务业务的盈利增长，并不是依靠市场销售的"高歌猛进"，而是要加强项目管理，将每个合同的利润真正做出来。这显然是神州数码的核心任务并且是一个长期的任务。2004 年，神州数码总裁郭为先生总结出"项目管理能力是神州数码核心竞争力"的结论，并用"熬中药"来比喻项目管理能力建设的长期性。

（2）影响项目盈利的重要因素

项目盈利的影响要素众多，但所有的 IT 服务企业必须迎接这个挑战。2000 年神州数码成立了专职的项目管理部，对项目的状况进行了分析。

分析的结果令人震惊。项目盈利可以简单地用项目收入减去项目成本，但项目成本的实际情况却有着严重的问题：

在挣值中，成本偏差（CV）=计划值（EV）−实际成本（AC）。

即使 CV 值为正值时，并非说明项目情况良好，也可能是项目预算被高估。进一步的分析发现，成本偏差的因素非常多，而原因绝对不是项目组乱花钱。2003 年神州数码对成本偏差的原因进行了分析，当时排在最前面的五大问题是：

- 项目范围定义与管理
- 项目的估算、预算、核算过程
- 项目管控过程
- 资源管理与资源利用效率
- 软件工程技术与质量管理

为解决这些迫在眉睫的问题，神州数码自上而下对项目管理的进步花费了大量的精力。在过程中，神州数码逐渐发现，项目成功和项目盈利，在很大程度上并不取决于项目经理，而是与整个企业各层次人员都有密切的关系。即使项目经理很强，但是整个企业没有提供一个良好的项目管理环境和体系，项目也很难成功，更何况任何企业都不能保证每个项目经理都具备独立完成项目的能力。

（3）项目型企业的每个层次都需要参与项目管理

神州数码是"项目型"的企业。整个业务是由一个一个的项目组成的。项目级的管理（项目经理和项目组的能力）依然是项目成功的重要因素，但不是全部因素。在项目管控过程中，项目级的管理是难以解决所有问题的。

比如对项目成功影响极大的"估算—预算—核算"过程。项目的估算是极为重要的项目管理环节。估算错误，计划就不准确，再优秀的项目经理也无力回天。过去常常觉得"不可思议"的情况就是，项目的标额往往很大，甚至数千万的软件服务项目，但最终做下来还是亏损很多。企业没有组织级的估算标准、项目经理"拍脑袋"估算而导致的项目估算不准确，是导致这种结局的主要原因之一。

很多行业建立了很好的组织级估算的依据。比如工程建筑行业，无论是铺铁路、挖隧道还是盖楼盘，企业都有非常精确的估算数据标准。甚至国家也有相应标准，一个项目，要用多少材料，用什么机械会需要多少人工，都有国家级的标准。甚至房屋装修行业，无论是刷墙漆、铺地板、改电路，都有企业规定的估算标准，现场的工长只需根据企业估算标准进行计算就可以了。

相反，在科技含量较高的软件服务行业，神州数码当时并没有组织级的估算标准，项目经理还是"拍脑袋"进行估算。项目经理根据自己个人的过往经验，来推算当前项目的工作量与工期。这是相当危险的，因为一旦项目经理的经验不足，或者项目经理的经验与当前项目不符，就会出现严重的估算偏差。

不仅仅在项目估算环节，在其他的众多关键环节，如项目实施方法、风险评估与应对、项目范围管理、实施过程控制、项目经验总结等，项目经理都难以独自做出好的决定。因此，神州数码认为，整个企业必须构建出一套完整的项目管理体系，企业级的管理和项目级的管理需要密切配合，才有可能解决问题。

（4）神州数码项目管理模型

神州数码最终建立的企业级项目管理模型，如图1-5所示。

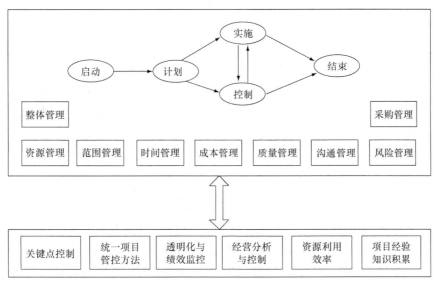

图 1-5　神州数码的企业级项目管理模型

神州数码认为，项目成功依靠两个层次的项目管理能力：项目级管理能力、组织级管理能力。而其中，组织级管理能力是企业核心竞争力的基础。企业级的管理能力包括 6 大方面。

关键点控制：项目组需要高层领导帮助的，或者高层领导需要密切关注的，是一些项目实施的关键点。包括项目的关键步骤，以及项目组难以解决的突发事件，如风险、问题、事故、变更。通过项目管理软件系统，项目经理和高层领导随时沟通诸如"关键步骤""风险""问题""变更"的状况，以及信息的流转，从而确保项目执行的关键要素被掌控。

统一的项目管控的方法过程：早期神州数码项目经理可以自由选择项目管控的方法和过程，直至神州数码认识到这种情况将会带来很大的危害。很多严重亏损的项目、或者很坏影响的项目，往往都是由于项目经理管控过程的缺失。项目经理限于个人的经验和能力，常常做出不合适的判断，在压力之下，也容易"偷工减料"，最终导致严重的项目问题。神州数码强有力地统一了项目实施的管控方法和流程。通过发布的《项目经理手册》和项目管理软件系统，项目经理及其他相关岗位都必须按照公司的标准进行管理，而无论项目经理来自何处，有什么样的经验。为了进一步落实公司的体系，神州数码设置了"项目监理"职位，对项目实施过程进行审计，审计结果直接影响到项目奖金。

项目透明化，实时掌握项目进展和绩效：正如战场指挥官必须随时了解下属部队的状况一样，高层领导需要掌控项目进展与绩效。但往往很多项目是"一团迷雾"，项目如何进展？项目是否完成了某项关键工作？项目是否达到了某个重要里程碑？项目现在存在什么问题？有没有影响巨大的风险？显然，如果项目实施不能够做到"透明化"，而是"一团迷雾"，高层领导将无法掌握项目进展与绩效，无法预见到问题，只能被动接受项目的结果。神州数码的项目管理体系，要求实现"五大透明、三大跟踪"，并通过项目管理软件固化。项目透明化是神州数码项目管理的最重要的、也是最基础的内容。

经营分析与控制：经营分析是所有企业都高度重视的事情。神州数码原先的经营控制是以部门为单位，但迅速转变为以项目为单位：如果不知道项目的经营情况，部门的经营数据根本没有意义。神州数码经过多年的建设，建立了一套完整的项目成本估算、预算、核算，以及收益和回款的跟踪体系。通过财务系统和项目管理软件系统，企业可以清晰地看到项目的利润变动情况以及变动趋势，以便发现问题和解决问题。

资源管理与资源利用效率：对于神州数码这样的IT服务企业来说，很大的业务是"卖人头"。资源管理水平直接影响到企业的利润。如何更好地分配和协调资源，并使得资源利用最大化，是每月都要监控的大事。从宏观上，神州数码要求在项目估算环节，通过"资源计划"工具，形成项目资源需求的预算。通过将企业资源池与项目资源需求的比较，企业管理层能够了解资源何时缺乏、何时空闲，从而可以做出调整，化解资源风险，保持资源利用率。从微观上，神州数码越来越细的管理资源申请和分配流程，使管理层能够清晰地看到每个资源在任何一段时间里面，在哪个项目中负责什么任务，并能够记录资源的技能信息和级别，从而为微观上寻求更有效的资源利用。

不断积累项目知识和经验：项目实施中，能否不断积累知识和经验，如项目的估算数据，能否不断优化，使得项目估算越来越准确，是企业项目管理能力的重要体现。

神州数码主要建设了三个知识和经验库。第一个是"估算数据库"，通过积累估算数据，提供给项目经理企业级的估算依据，提升估算精确度。第二个是"风险评估表"，风险评估表的评估项是多年教训的积累，帮助企业和项目经理评估项目的风险。第三个是"项目生命周期库"，记录企业项目实施的最佳实践。项目经理可以应用企业同类项目的最佳实践，获得企业过去的经验，提高项目的绩效。这三个知识库都固化到项目管理软件系统中，并在项目管控过程中强制使用，起到了很好的作用。

（5）效果与发展趋势

神州数码通过多年的努力，逐步建设了企业级的项目管理体系，项目管控过程全部通过项目管理软件系统固化和自动化进行，并且形成了比较成熟的项目管理文化，表现在以下几个方面。

- 项目经理比较自觉地遵循企业的项目管理体系，项目经理认识到，采取合理的管控过程，才能够获得好的项目绩效，并且乐于将项目透明化，让高层领导看到项目的进展情况，以便让高层领导帮助自己发现和解决项目问题。

- 体系建设比较完整，将整个企业各种岗位的工作都囊括进去。项目实施不再是项目组的行为，而是整个企业的行为，项目组得到企业的支持更加及时，从而形成了较强的实施能力。

- 持续地进行工具建设，使得项目管理的规范性得到强化，项目核算精准，项目各岗位的绩效考核很清晰。同时，项目组和企业之间的信息沟通速度更快。
- 整个企业都比较重视项目管理的能力，或者称作"交付能力"。自上而下都将项目管理能力和体系作为企业经营管理的核心工作来看待。

从项目绩效上看，神州数码也取得了很大的成效。

- 项目成本偏差率得到了有效控制。至 2004 年，总体成本偏差率已经控制在 20% 以内，这是一个重要的里程碑，并且还在继续小幅降低。
- 严重问题项目大为减少。到 2003 年，神州数码仍然有"严重问题项目"，需要高层领导出面去挽救。2004 年后，基本上不再有类似情况，项目成功率和客户满意度均有所提高。

进入 2007 年，神州数码采取了一些新的措施，最重要的是进一步加强"项目透明化"的概念。神州数码不仅让管理层清楚地看到项目实施进展，同时还要让客户也能够比较清楚地看到项目实施进展，这样会带来一些好的影响。

- 对项目干系人和客户来说，他们不仅仅需要能干的项目经理和项目组，他们更希望看到在项目组之后有一个更强大的企业体系的保障。如同在制造业，企业带领客户参观生产车间，借以向客户证明企业的生产水平和质量控制水平。神州数码将自己的项目管理软件系统开放给客户，客户可以进入系统实时地了解交给神码项目的进展情况，这样不仅方便了客户，同时也让客户实际体会到神州数码"项目生产线"的良好管理，使得神州数码区别于竞争对手，从而赢得客户的信任和更高的价格。
- 神州数码在 2007 年"基地化开发"中取得了重大成功，改变过去在客户现场做项目的方式，神州数码大部分项目在基地进行，客户现场仅仅是很小的团队。这种异地模式需要强有力的项目管理，否则不仅项目容易失败，客户也根本不放心。多年的项目管理体系建设及项目管理软件系统，项目实施的透明化，为保障这种模式起到了根本的作用。

【案例问题】

1. 神州数码是如何提高软件项目运作的整体效益的？
2. 项目管理标准化有什么作用？给神州数码带来哪些好处？
3. 学习本案例，你获得哪些启发？你认为 IT 企业目前缺的是技术还是管理？

案例二　苹果公司的 DRI 管理制度

最近，IPhone6 上市吸引了不少人的目光，尽管批评很多，但这丝毫没有影响它的销售。借着这股热潮，我们也来关注一下苹果公司本身，来看看苹果特有的项目管理模式——DRI 直接负责人制度。

苹果公司内部有一种叫做 DRI（Directly Responsible Individual）的制度，译为"直接负责人"制度，此人具有直接负责某一部分事务的责任。DRI 究竟是什么？直接负责人具体管什么事？

从表面上来看 DRI 制度这个概念在苹果实行得非常好。DRI 是一个概念，它将负责人的权力、责任和义务表示清楚，出现问题时直接派给负责某一部分的直接负责人。DRI 不是处理过程，也不是任务管理的框架，他是一个负责人。

DRI 负责小到 bug 报告，大到重要技术创新，每个 DRI 都有自己负责的部分，分工明确。简单来说，就是某一部分出了问题，就由某一部分的直接负责人来处理和担责。MobileMe 之所以失败就是因为 DRI 的失误，毫无疑问，这个直接负责人被炒了。DRI 制度其实有很多好处。

谁来当 DRI？当程序设计、软件开发过程中出现一个跨职能、复杂的工程问题时，DRI 必须要负责到底。一般 DRI 都由工程团队的队长或者工程项目经理来担任。如果工程问题很少涉及硬件问题，那就需要一个 PD 产品设计工程师来担任 DRI，然后和硬件工程师通力合作来解决问题。如果产品原型测试一直失败，那就需要一个 TPM 测试项目经理来担任 DRI。在苹果公司中，TPM 担任 DRI 时，需要和工程团队、设备测试部门、合约制造团队合作解决问题。

当职责不清或者突发问题时，合作团队的成员都要听从 DRI 的指挥。成员需要信任 DRI，因为他清楚团队开发中发生的一切。DRI 一般对开发进度非常了解，知道下一步可能发生的问题是什么，或者知道问题发生的原因。DRI 制度不仅对单一部门有效，而且非常适合跨部门、跨职能管理。DRI 只能由一个人来担任，决不能是一个小队。

当团队所有成员都知道他们的目标非常重要，但是又没有发现自己那一部分的责任重大时，这时就需要 DRI 出面。在一个快速发展的公司中，每天要处理非常非常多的事，人们没有发现自己责任重要，不是因为懒惰，而是太忙了！DRI 这时就需要动用自己的权力，发扬"母爱精神"，呵护目标，督促、监督团队成员完成自己的任务。

对于一个团队来说，有一个 DRI 可以减少其他成员的压力，他们只需要认真工作，将其他恼人的事交给 DRI 来负责就可以了。工程师做 DRI 时可以敏锐地发现问题，然后"拿出"办法来解决，让其他成员专心做事。

【案例问题】

1. DRI 制度对于苹果公司的项目管理有哪些好处？
2. DRI 制度对于降低项目风险有哪些帮助？
3. 通过本案例，简述项目管理的重要意义。

习题和实践

一、习题

1. 项目管理和技术工作之间有什么关系？

2．软件项目和一般项目的区别是什么？

3．什么是项目管理过程？项目管理过程之间有什么联系？

4．为什么说"多""好""快""省"的理想情况很难达到？

5．简述软件工程和软件项目管理的关系。

二、实践

1．上网查找美国项目管理协会出版的《项目管理知识体系指南》最新版本，了解其内容。

2．上网搜索 PMP 和 IPMP 认证考试有哪些，我国的项目管理认证考试有哪些。

3．上网了解著名 IT 公司项目管理的先进经验。

第 2 章
范围管理

很多项目在开始时都会粗略地确定项目的范围、时间以及成本，然而在项目进行到一定阶段之后往往会变成让人感觉到不知道项目什么时候才能真正结束，要使项目结束到底还需要投入多少人力和物力，整个项目就好像一个无底洞，对项目的最后结束谁的心里也没有底。这种情况的出现对于企业的高层来说，是最不希望看到的，然而出现这样的情况并不罕见。造成这样的结果就是由于没有管理和控制好项目的范围。

一般来说，在启动软件项目初期，客户就应该提出一个相对确定的项目范围，为项目的实施提供一个确定的前提和框架，同时也是为后期的项目管理划出一个明晰的"圈"，所有项目活动的开展，包括项目成本、质量和时间的控制也应该在此范围内进行。但是，在实际的操作过程中，这个"圈"的边界有可能会出现扩大、模糊的现象，这些扩大和模糊的部分会给项目带来风险。

针对上述问题，本章将介绍项目范围管理规划，范围定义、范围分解、范围核实和范围控制等内容。

2.1 范围管理规划

范围管理规划是创建范围管理计划，书面描述将如何定义、确认和控制项目范围的过程。本过程的主要作用是：在整个项目中对如何管理范围提供指南和方向。经过范围管理规划，将分别得到一份范围管理计划和需求管理计划。

2.1.1 基本概念

项目范围（project scope），是指产生项目产品所包括的所有工作及产生这些产品所用的过程。

这个概念有两种含义，一个是产品范围，一个是项目工作范围。其中产品范围（product scope）是指客户对产品或服务所期望的特征与功能总和，以产品需求作为衡量标准；项目工作范围（work scope）是指为提供客户所期望特征与功能的产品或服务而必须要完成的工作总和，以项目管理计划（实为其中的范围管理计划）是否完成作为衡量标准。

项目范围管理，是指对项目包括什么与不包括什么的定义和控制过程，其任务是界定项目包含且只包含所有需要完成的工作。

上述定义表明了 PMI 的政策，PMI 提倡："不做额外的工作（no extra），不要镀金（no gold-plating）"。项目范围管理是项目能否成功的决定性因素，项目经理在与客户及在组织内界定项目范围时，还必须同时确定项目的假设、限制条件以及排除事项，也就是通常所说的"是什么，不是什么"的问题。

2.1.2　范围管理计划

根据项目章程、项目管理计划中已批准的子计划、历史项目信息和经验教训等，可以得到项目范围管理计划。项目范围管理计划是项目管理计划的组成部分，描述将如何定义、制定、监督、控制和确认项目范围。范围管理计划有助于降低项目范围蔓延的风险，其内容主要包括：

（1）如何编制详细的范围说明书；

（2）如何根据项目范围详细说明书制定项目分解结构；

（3）确认和验收项目产出物和项目可交付物的过程和方法；

（4）控制项目范围变更的过程和方法等。

根据项目需要，范围管理计划可以是正式或非正式的，详细的或者是概括性的。

2.1.3　需求管理计划

作为范围管理计划的另一个结果，需求管理计划描述将如何分析、记录和管理需求。需求管理计划需要根据项目章程、项目管理计划中已批准的子计划、以往项目的经验和教训等信息制定。需求管理计划也是项目管理计划的组成部分，其主要内容包括：

（1）如何规划、跟踪和报告各种需求活动；

（2）配置管理活动，例如，如何启动产品变更，如何分析其影响，如何进行追溯、跟踪和报告，以及变更审批权限；

（3）需求优先级排序过程；

（4）产品测量指标及使用这些指标的理由；

（5）用来反映哪些需求属性将被列入跟踪矩阵的跟踪结构。

2.2　需求收集

需求收集是为实现项目目标而确定、记录并管理干系人的需要和需求的过程。本过程的主要作用是：为定义和管理项目范围（包括产品范围）奠定基础。

2.2.1 需求收集的方法

以下为常见的几种软件项目需求收集方法。

1. 访谈

访谈是一种通过与干系人直接交谈，来获得信息的正式或非正式方法。访谈的典型做法是向被访者提出预设和即兴的问题，并记录他们的回答。通常采取"一对一"的形式，但也可以有多个被访者或多个访问者共同参与。访谈有经验的项目参与者、干系人和领域专家，有助于识别和定义项目可交付成果的特征和功能。

2. 引导式研讨会

引导式研讨会通过邀请主要的干系人一起参加会议，对产品需求进行集中讨论与定义。研讨会是快速定义项目需求和协调干系人差异的重要方法。由于群体互动的特点，被有效引导的研讨会有助于建立信任、促进关系、改善沟通，从而有利于参加者达成一致意见。该技术的另一好处是，能够比单项会议更快地发现和解决问题。

例如，在软件开发行业，就有一种被称为"联合应用开发（或设计）（Joint Application Development，JAD）"的引导式研讨会。这种研讨会注重把用户和开发团队集中在一起，来改进软件开发过程。在制造行业，则使用"质量功能展开（Quality Function Deployment，QFD）"这种引导式研讨会，来帮助确定新产品的关键特征。QFD从收集客户需求（又称"顾客声音"）开始，然后客观地对这些需求进行分类和排序，并为实现这些需求而设置目标。

3. 头脑风暴

头脑风暴法又称为智力激励法、自由思考法或集思广益会，是用来产生和收集对项目需求与产品需求的多种创意的一种技术。头脑风暴法分为直接头脑风暴法（通常简称为头脑风暴法）和质疑头脑风暴法（也称为反头脑风暴法）。前者是在专家群体决策时尽可能激发创造性，产生尽可能多的设想的方法，后者则是对前者提出的设想、方案逐一质疑，分析其现实可行性的方法。

头脑风暴法的参加人数一般为 5～10 人，最好由不同专业或不同岗位者组成，会议时间控制在 1 小时左右。设主持人一名，主持人只主持会议，对设想不做评论。设记录员 1～2 人，要求认真将与会者每一设想不论好坏都完整地记录下来。为了使与会者畅所欲言，互相启发和激励，达到较高效率，头脑风暴法应遵守如下原则。

（1）庭外判决原则：对各种创意（意见、建议）、方案的评判必须放到最后阶段，此前不能对别人的创意提出批评和评价。认真对待任何一种创意，而不管其是否适当和可行。

（2）欢迎各抒己见，畅所欲言：创造一种自由的气氛，激发参加者提出各种荒诞的想法。

（3）追求数量：创意越多，产生好创意的可能性就越大。

（4）探索取长补短和改进办法：除提出自己的创意外，鼓励参与者对他人已经提出的创意进行补充、改进和综合。

4．原型法

软件项目中，原型法是个相对现代的需求收集的方法。该方法中，在获取一组基本的需求定义后，利用高级软件工具可视化的开发环境，快速地建立一个目标系统的最初版本，它使干系人有机会体验最终产品的模型，而不是只讨论抽象的需求陈述。原型法符合渐进明细的理念，因为原型需要重复经过制作、试用、反馈、修改等过程。在经过足够的重复之后，就可以从原型中获得足够完整的需求，并进而进入设计或制造阶段。原型法适合于用户需求不明确的情况。

2.2.2　需求文件

根据范围管理计划、需求管理计划、干系人登记册和项目章程等信息，通过一定的需求收集方法，可得到需求文件和需求跟踪矩阵。

需求文件描述各种单一的需求将如何满足与项目相关的业务需求。一开始，可能只有概括性的需求，然后随着信息的增加而逐步细化。只有明确的（可测量和可测试的）、可跟踪的、完整的、相互协调的，且主要干系人认可的需求，才能作为基准。需求文件的格式多种多样，既可以是一份按干系人和优先级分类列出全部需求的简单文件，也可以是一份包括内容提要、细节描述和附件等的详细文件。

需求文件主要内容包括以下几项。

（1）业务需求或需抓住的机遇，描述当前局面的不足以及启动项目的原因。

（2）可跟踪的业务目标和项目目标。

（3）功能要求，描述业务流程、信息以及与产品的内在联系。可采用适当的方式，如写成文本式需求清单或制作出模型，也可以同时采用这两种方法。

（4）非功能性要求，如服务水平、绩效、安全、防护、合规性、保障能力、保留/清除等。

（5）质量要求。

（6）验收标准。

（7）体现组织指导原则的业务规则。

（8）对组织其他领域的影响，如呼叫中心、销售队伍、技术团队。

（9）对执行组织内部或外部团体的影响。

（10）对支持和培训的需求。

（11）与需求有关的假设条件和制约因素。

2.2.3　需求跟踪矩阵

需求跟踪矩阵是一张连接需求与需求源的表格（表 2-1），以便在整个项目生命周期中对需求进行跟踪。

需求跟踪矩阵把每一个需求与业务目标或项目目标联系起来，有助于确保每一个需求都具有商业价值。它为人们在整个项目生命周期中跟踪需求提供了一种方法，有助于确保需求文件所批准的每一项需求在项目结束时都得到实现。最后，需求跟踪矩阵为管理产品范围变更提供了框架。

需求跟踪矩阵主要包括以下内容。

（1）从需求到业务需要、机会、目的和目标。

（2）从需求到项目目标。

（3）从需求到项目范围/WBS 中的可交付成果。

（4）从需求到产品设计。

（5）从需求到产品开发。

（6）从需求到测试策略和测试脚本。

（7）从宏观需求到详细需求。

应在需求跟踪矩阵中记录各项需求的相关属性。这些属性有助于明确各项需求的关键信息。需求跟踪矩阵中的典型属性包括：独特的识别标志、需求的文字描述、收录该需求的理由、所有者、来源、优先级别、版本、现状（如"活跃中""已取消""已推迟""新增加""已批准"等）和实现日期。为确保干系人满意，可能需增加的补充一些属性，比如稳定性、复杂程度和验收标准等。一个软件项目需求跟踪矩阵如表 2-1 所示。

表 2-1　　　　　　　　　　　　　　需求跟踪矩阵示例

需求跟踪矩阵										
项目中心										
项目描述										
成本中心										
编号	关联编号	需求描述	变更标识	需求状态	对应设计	对应代码	对应测试	复杂程度	验收标准	备注
1	1.1	网上审批	增加	已批						
	1.2									
	1.3									
	1.3.1									
2	2.1	打印功能	原始	已批						
	2.1.1									
	2.2									
3	3.1									
4	4.1									

2.3　范围定义

范围定义是制定项目和产品详细描述的过程。本过程的主要作用是：明确所收集的需求哪些将包含在项目范围内，哪些将排除在项目范围外，从而明确项目、服务或成果的边界。

2.3.1　范围定义的方法

1．专家判断法

范围管理领域的专家判断常用来分析和定义详细的项目范围说明书，他们的判断和专长可运用于任何技术细节。

2．产品分析

产品分析技术包括产品分解、系统分析、需求分析、系统工程、价值工程和价值分析等。

3．引导式研讨会

具有不同期望或专业知识的关键人物参与这些紧张的工作会议，有助于就项目目标和项目限制达成共识。

2.3.2　范围说明书

根据范围管理计划、需求文件、项目章程和组织以往项目经验中相关信息，通过一定的范围定义方法，得到项目范围说明书。

项目范围说明书详细描述项目的可交付成果，以及为提交这些可交付成果而必须开展的工作。项目范围说明书也表明项目干系人之间就项目范围所达成的共识。为了便于管理干系人的期望，项目范围说明书可明确指出哪些工作不属于本项目范围。项目范围说明书使项目团队能开展更详细的规划，并可在执行过程中指导项目团队的工作；它还为评价变更请求是否超出项目边界提供基准。

项目范围说明书描述要做和不要做的工作的详细程度，决定着项目管理团队控制整个项目范围的有效程度。详细的项目范围说明书主要包括以下内容（可能直接列出或引用其他文件）：

（1）产品范围描述。逐步细化在项目章程和需求文件中所述的产品、服务或成果的特征。

（2）产品验收标准。定义已完成的产品、服务或成果的验收过程和标准。项目可交付成果既包括组成项目产品或服务的各种结果，也包括各种辅助成果，如项目管理报告和文件。对可交付成果的描述可以详细也可以简略。

（3）可交付成果。在某一过程、阶段或项目完成时，必须产出的任何独特并可核实的产品、成果或服务能力。可交付成果也包括各种辅助成果，如项目管理报告和文件。对可交付成果的描述可略可详。

（4）项目的除外责任。通常需要识别出什么是被排除在项目之外的。明确说明哪些内容不属于项目范围，有助于管理干系人的期望。

（5）项目制约因素。列出并说明与项目范围有关、且限制项目团队选择的具体项目制约因素，例如，客户或执行组织事先确定的预算、强制性日期或强制性进度里程碑。如果项目是根据合同实施的，那么合同条款通常也是制约因素。

（6）项目假设条件。列出并说明与项目范围有关的具体项目假设条件，以及万一不成立可能造成的后果。在项目规划过程中，项目团队应该经常识别、记录并验证假设条件。

一个软件项目范围说明书样例如图 2-1 所示。

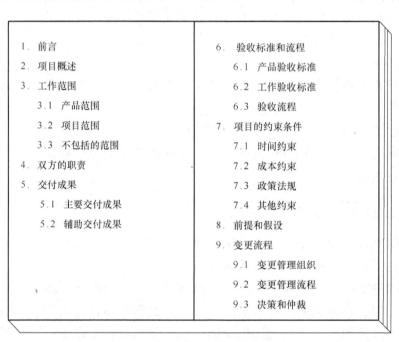

图 2-1　范围说明书

2.4　WBS 创建

创建工作分解结构（Work Breakdown Structure，WBS）是把项目可交付成果和项目工作分解成较小的、更易于管理的组件的过程。本过程的主要作用是对所要交付的内容提供一个结构化的视图。

WBS 最底层的组件被称为工作包，工作包对相关活动进行归类，以便对工作安排进度、进行估算、开展监督与控制。在“工作分解结构”这个词语中，“工作”是指作为活动结果的工作产品或可交付成果，而不是活动本身。

2.4.1　WBS 创建方法——分解

最常用的 WBS 创建方法就是分解，分解就是把项目可交付成果划分为更小的、更便于管理的组成部分，直到可交付成果被定义到最底层的工作包为止，其中工作包是能够可靠地估算工作成本和活动历时的最底层工作单位，工作包的详细程度因项目大小与复杂程度而异。

1．分解包含具体的任务

（1）识别和分析可交付成果及相关工作。

（2）确定工作分解结构的结构与编排方法。

（3）自上而下逐层细化分解。

（4）为 WBS 组成部分制定和分配标志编码。

（5）核实可交付成果分解的程度是否恰当。

2．分解的方法

（1）把项目生命周期的各阶段作为分解的第二层，把产品和项目可交付成果放在第三层，如图 2-2 所示。

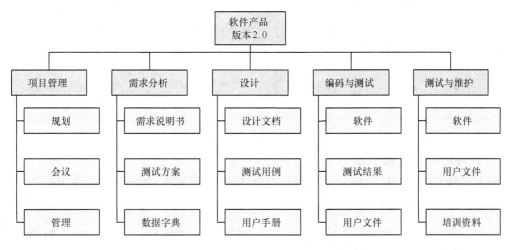

图 2-2　以阶段作为第二层的 WBS 示例

（2）把主要可交付成果作为分解的第二层。

（3）按子项目进行第二层分解。子项目（如外包工作）可能由项目团队之外的组织实施。然后，作为外包工作的一部分，卖方需编制相应的合同工作分解结构。

（4）对工作分解结构上层的组成部分进行分解，就是要把每个可交付成果或子项目都分解为基本的组成部分，即可核实的产品、服务或成果。工作分解结构可以采用列表式、组织结构图式或其他方式。不同的可交付成果可以分解到不同的层次。

（5）某些可交付成果只需分解一层，即可到达工作包的层次，而另一些则需分解更多层。工作分解得越细致，对工作的规划、管理和控制就越有力。但是，过细的分解会造成管理努力的无效耗费、资源使用效率低下以及工作实施效率降低。

（6）要在未来远期才能完成的可交付成果或子项目，当前可能无法分解。项目管理团队通常要等到这些可交付成果或子项目的信息足够明确后，才能制定出工作分解结构中的相应细节。这种技术有时称做滚动式规划。

（7）工作分解结构包含了全部的产品和项目工作，包括项目管理工作。通过把工作分解结构底层的所有工作逐层向上汇总，来确保没有遗漏工作，也没有增加多余的工作。这有时被称为 100%规则。

3．分解实例

一个软件项目 WBS 分解例子，如图 2-3 所示，通过 Microsoft 的项目管理工具 Project，可以自动为各个层次的任务编码。

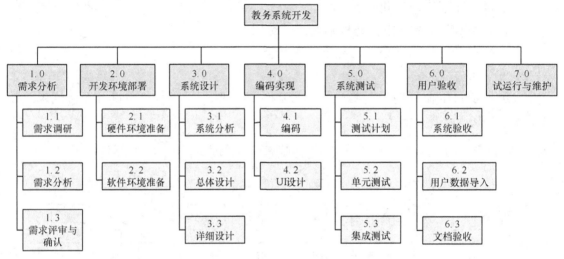

图 2-3　某软件项目 WBS 分解

4．分解结果的检验

在实际项目过程中，进行项目的工作分解是一项比较复杂和困难的任务，工作分解结构的好坏直接关系到整个项目的实施。任务分解后，需要核实分解的正确性。

（1）更低层次的细目是否必要和充分？如果不必要或者不充分，这个组成要素就必须重新修改（增加、减少或修改细目）。

（2）最底层的工作包是否有重复？如果存在重复现象就应该重新分解。

（3）每个细目都有明确的、完整的定义吗？如果不是，这种描述需要修改或补充。

（4）是否每个细目可以进行适当的估算？谁能担负起这个任务？如果不能进行恰当的估算或无人能进行恰当的估算，则修正就是必要的，目的是提供一个充分的管理控制。

5．WBS 分解注意事项

对于实际的项目，特别是对于较大的项目而言，在进行工作分解的时候，还要注意以下几点。

（1）要清楚地认识到，确定项目的分解结构就是将项目的产品或服务、组织、过程这 3 种不同的结构综合为项目分解结构的过程，也是给项目的组织人员分派各自角色和任务的过程。应注意收集与项目相关的所有信息。

（2）对于项目最底层的工作要非常具体，而且要完整无缺地分配给项目内外的不同个人或者组织，以便明确各个工作的具体任务、项目目标和所承担的责任，也便于项目的管理人员对项目的执行情况进行监督和业绩考核。任务分解结果必须有利于责任分配。

（3）对于最底层的工作包，一般要有全面、详细和明确的文字说明，并汇集编制成项目工作分解结构词典，用以描述工作包、提供计划编制信息（如进度计划、成本预算和人员安排），以便在需要时随时查阅。

（4）并非工作分解结构中所有的分支都必须分解到同一水平，各分支中的组织原则可能会不同。

（5）任务分解的规模和数量因项目而异，先分解大块任务，然后再细分小的任务；最底层是可控和可管理的，避免不必要的过细，最好不要超过 7 层。按照软件项目的平均规模来说，推荐任务分解时至少分解到一周的工作量（40 小时）。

需要注意的是，任何项目不是只有唯一正确的工作分解结构。例如，两个不同的项目团队可能对同一项目做出两种不同的工作分解结构。决定一个项目的工作分解详细程度和层次多少的因素包括：为完成项目工作任务而分配给每个小组或个人的任务和这些责任者的能力；在项目实施期间管理和控制项目预算、监控和收集成本数据的要求水平。通常，项目责任者的能力强，项目的工作结构分解就可以粗略一些，层次少一些；反之，就需要详细一些，层次多一些。而项目成本和预算的管理控制要求水平高，项目的工作结构分解就可以粗略一些，层次少一些；反之，就需要详细一些，层次多一些。因为项目工作分解结构越详细，项目就会越容易管理，要求的项目工作管理能力就会相对低一些。

2.4.2　范围基准

根据项目管理计划、项目范围说明书、需求文件、已有的模板和经验等信息，通过逐步分解，得到项目范围基准。

范围基准包含经过批准的范围说明书、WBS 和相应的 WBS 词典，它被用作比较的基础。范围基准是项目管理计划的组成部分，包括：

（1）项目范围说明书。项目范围说明书包括对项目范围、主要可交付成果、假设条件、制约因素以及验收标准的描述；

（2）WBS。WBS 是对项目团队为实现项目目标、创建所需可交付成果而需要实施的全部工作范围的层级分解；

（3）WBS 词典。WBS 词典是针对每个 WBS 组件，详细描述可交付成果、活动和进度信息的文件。WBS 词典对 WBS 提供支持。WBS 词典中的内容可能包括：账户编码标识、工作描述、假设条件和制约因素、负责的组织、进度里程碑、相关的进度活动、所需资源、成本估算、质量要求、验收标准、技术参考文献和协议信息。

2.5　范围核实

　　范围核实是正式验收已完成的项目可交付成果的过程。本过程的主要作用是：使验收过程具有客观性，同时通过验收每个可交付成果，提高最终产品、服务或成果通过验收的可能性。

　　软件项目的可交付物包括各工作阶段文档以及最终产品、服务或成果。比如项目文件、项目工作说明书、WBS、资源日历、风险登记册、各阶段管理计划、协议、变更请求，软件产品、服务等。

　　范围核实与质量控制的不同之处在于，范围核实主要关注对可交付成果的验收，而质量控制则主要关注可交付成果是否正确以及是否满足质量要求。质量控制通常先于范围核实进行，但两者也可同时进行。

2.5.1　范围审查

　　审查是指开展测量、检查与核实等活动，来判断工作和可交付成果是否符合要求及产品验收标准。审查有时也被称为检查、产品审查、审计和巡检等。在软件项目领域，审查包括各种确认和验收测试（如 Alpha/Beta 测试等）。

　　表 2-2 是软件项目范围审查表，表 2-3 是软件项目 WBS 审查表。

表 2-2　　　　　　　　　　　　　　项目范围审查表

项目范围审查条目	审查状态	审查结果
项目目标是否完准确和完整？		
项目目标的度量指标是否可靠和有效？		
项目的约束条件和假设前提是否真实和符合实际？		
项目的风险是否可以接受？		
项目范围能否保证项目目标的实现？		
项目范围定义下的项目工作效益是否高于项目成本？		
项目范围是否需要进一步研究和定义？		

表 2-3　　　　　　　　　　　　　　WBS 审查表

项目 WBS 审查条目	审查状态	审查结果
项目目标和目标层次描述是否清楚？		
项目产出物描述是否清楚？		
项目产出物及其分解是否都是为实现项目目标服务的？		
项目产出物是否被作为项目工作分解的基础？		

续表

项目 WBS 审查条目	审查状态	审查结果
项目 WBS 层次划分是否与项目目标层次描述统一？		
WBS 中的各工作包是否都是为形成项目产出物服务的？		
WBS 中各工作包之间的相关关系是否合理？		
WBS 中各工作包所需资源是否明确和合理？		
WBS 中各工作包的考核指标是否合理？		

2.5.2　范围核实的结果

1．验收的可交付物

符合验收标准的可交付成果应该由客户或发起人正式签字批准。应该从客户或发起人那里获得正式文件，证明干系人对项目可交付成果的正式验收。这些文件将提交给项目收尾管理过程。

验收通过的可交付，双方可能需要签署范围承诺书，以便在范围变更时进行规范化管理。

2．变更请求

对已经完成但未通过正式验收的可交付成果及其未通过验收的原因，应该记录在案，并提出适当的变更请求，以便进行缺陷补救。范围变更，应该交由项目整体变更控制过程管理。

3．工作绩效信息

工作绩效信息包括项目进展信息，例如，哪些可交付成果已经开始实施，它们的进展如何，哪些可交付成果已经完成，或者哪些已经被验收。这些信息应该被记录下来并传递给干系人。

2.6　范围控制

一个软件项目的范围计划可能制订得非常好，但是想不出现任何改变几乎是不可能的，因此范围变更是不可避免的，关键问题是如何对范围变更进行有效的控制。

范围控制是监督项目和产品的范围状态、管理范围基准变更的过程。本过程的主要作用是在整个项目期间保持对范围基准的维护。

2.6.1　偏差分析

偏差分析又称为挣值法（详见 4.4.1.1 节），是一种确定实际绩效与基准的差异程度及原因的技术。在范围控制中，可利用项目绩效测量结果评估偏离范围基准的程度，确定偏离范围基准的原因和程度，并决定是否需要采取纠正或预防措施，是项目范围控制的重要工作。

2.6.2 范围变更控制

对项目范围进行控制，就必须确保所有请求的变更、推荐的纠正措施或预防措施都经过项目整体变更控制过程（见 10.5 节）的处理。变更不可避免，因而必须强制实施某种形式的变更控制。在变更实际发生时，也要采用范围控制过程来管理这些变更，控制范围过程需要与其他控制过程整合在一起，未得到控制的变更通常被称为项目范围蔓延。

变更控制的目的不是控制变更的发生，而是对变更进行管理，确保变更有序进行。为执行变更控制，必须建立有效的范围变更流程，项目范围变更控制流程如图 2-4 所示。它对管好项目至关重要。在变更过程中要跟踪和验证，以确保变更被正确执行。

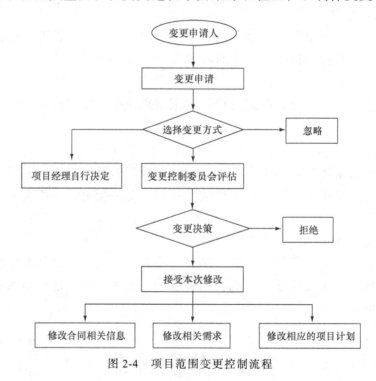

图 2-4 项目范围变更控制流程

2.7 案例研究

案例一 成功案例 VS 失败案例

失败案例：某软件开发项目，整个项目已经进行了两年之后项目何时结束还是处于不明确的状态，因为用户不断有新的需求出来，项目组也要根据用户的新需求不断去开发新的功能。这个项目实际是一个无底洞，没完没了地往下做，项目成员"肥的拖瘦，瘦的拖死"，实在做不下去只能跑了。大家对这样的项目已经完全丧失了信心。

这个项目其实就是一开始没有很明确地界定整个项目的范围，在范围没有明确界定的情况下，又没有一套完善的变更控制管理流程，任由用户怎么说，就怎么做，也就是说一开始游戏规则没有定好，从而导致了整个项目成为一个烂摊子。

成功案例：同样是一个软件开发项目，这个项目也比上面案例讲到的项目小一些，这时公司已经开始实施 CMM 对软件开发活动进行管理，有相对完善的软件开发管理过程。项目在一开始就先明确用户的需求，而且需求基本上是量化的、可检验的。而且项目组在公司 CMM 的变更管理过程框架指导下制定了项目范围变更控制管理过程，在项目的实施过程中，用户的需求变更都是按照事先制定好的过程执行。

因此，这个项目完成得比较成功，项目的时间和成本基本上是在一开始项目计划的完成时间及成本的情况下略有增加。

【案例问题】

1. 项目范围管理对项目成败的影响？
2. 如何才能做好项目范围管理？

案例二　一个难以结束的软件项目

张工负责某基金投资公司的一个证券分析系统项目的研发，率领项目组进驻该基金公司进行研发已经快一年了，现在项目已经接近尾声，但似乎并没有交付的意思。从系统试运行那天起，用户就不断提出新需求，似乎总是有新的需求要项目研发方来做，基金公司的经理在试用系统时，经常把自己的新思路讲给张工，要求优化系统的功能，项目变成了一个无底洞，没完没了地往下做。

张工要求结项，但基金公司以系统功能没有满足需求为由而推迟验收，要求继续完善。张工查阅了项目开发合同，而合同中并没有对需求的详细描述。此时，国家新出台了一项投资法规，依据这个法规，系统的一些功能肯定又要修改，虽然这些功能不影响系统的正常运行，但这些功能需求似乎仍在合同规定的范围之内，这些功能的需求开发也需要大量的时间和人力。张工认为，含糊的需求和范围经常性的变化严重影响了项目的进展，他必须寻找良策以管理范围，促使项目早日完工。

【案例问题】

1. 分析本项目开发中存在的问题。
2. 建议张工该如何解决现在的问题。
3. 论述需求开发、需求管理和范围管理的区别与联系。

习题和实践

一、习题

1. 什么是项目范围管理？主要包括哪些过程？

2. 什么是 WBS? WBS 创建方法和原则是什么?

3. 如何进行范围变更控制?

二、实践

从以下几个题目中选择一个,创建 WBS,并制定范围管理计划。

(1)校内旧书、学习资料转让系统。

(2)图书管理系统。

(3)学籍管理系统。

(4)校内网上订餐服务系统。

(5)就业指导网站。

第 3 章
时间管理

按时、保质完成项目是对项目的基本要求，但软件项目工期拖延的情况却时常发生，因而合理地安排项目时间是项目管理中的一项关键内容。项目时间管理又称为进度管理，项目时间管理就是采用科学的方法确定项目进度，编制进度计划和资源供应计划，进行进度控制，在与质量、费用目标协调的基础上，实现项目的进度目标。

项目时间管理包括进度管理规划、活动定义、活动排序、活动资源估算、活动历时估算、制定进度计划和进度控制等管理过程。这些过程相互作用，而且还与其他知识域中的过程相互作用。在某些小的软件项目中，定义活动、排列活动顺序、估算活动资源、估算活动历时及制定进度计划等过程之间的联系非常密切，以至于可视为一个过程，由一个人在较短时间内完成。

3.1　进度管理规划

进度管理规划的任务就是根据项目管理计划、项目章程、以往项目经验等信息，通过一定的分析技术，得到一份进度管理计划。进度管理计划是项目管理计划的组成部分，为编制、监督和控制项目进度建立准则和明确活动，其中应包括合适的控制临界值。根据项目需要，进度管理计划可以是正式或非正式的，详细或概括的。软件项目进度管理计划通常会做如下的规定。

（1）制定项目进度模型。需要规定用于制定项目进度模型的进度规划方法论和工具。

（2）准确度。需要规定活动历时估算的可接受区间，以及允许的应急储备数量。

（3）计量单位。需要规定每种资源的计量单位，例如，用于测量时间的人时数、人天数或周数；用于计量数量的米、升、吨、千米等。

（4）组织程序链接。WBS为进度管理计划提供了框架，保证了与估算及相应进度计划的协调性。

（5）项目进度模型维护。需要规定在项目执行期间，将如何在进度模型中更新项目状态，记录项目进展。

（6）控制临界值。可能需要规定偏差临界值，用于监督进度绩效。它是在需要采取某种措施前，允许出现的最大偏差。通常用偏离基准计划中的参数的某个百分数来表示。

（7）绩效测量规则。需要规定用于绩效测量的挣值管理（EVM）（详见 4.4.1 节之1）规则或其他测量规则。例如，进度管理计划可能规定拟用的挣值测量技术（如基准法、固定公式法、完成百分比法等）以及进度绩效测量指标（如进度偏差（SV）和进度绩效指数（SPI））等。

（8）报告格式。需要规定各种进度报告的格式和编制频率。

（9）过程描述。对每个进度管理过程进行书面描述。

3.2 活动定义

活动定义是识别和记录为完成项目可交付成果而需采取的具体行动的过程。本过程的主要作用是：将工作包分解为活动，作为对项目工作进行估算、进度规划、执行、监督和控制的基础。

3.2.1 活动定义的方法

1. 分解

采用分解技术来定义活动，就是要把项目工作包分解成更小的、更易于管理的组成部分——活动，活动定义的结果是活动，而非可交付成果（可交付成果是创建 WBS 的结果）。

2. 滚动式规划

滚动式规划是一种渐进明细的规划方式，即对近期要完成的工作进行详细规划，而对远期工作则暂时只在 WBS 的较高层次上进行粗略规划。因此，在项目生命周期的不同阶段，工作分解的详细程度会有所不同。例如，在早期的战略规划阶段，信息尚不够明确，工作包也许只能分解到里程碑的水平；随着了解到更多的信息，近期即将实施的工作包就可以分解成具体的活动。

3. 专家判断

富有经验并擅长制定详细项目范围说明书、工作分解结构和项目进度计划的项目团队成员或其他专家，可以为定义活动提供专业知识。

3.2.2 活动清单和属性

根据进度管理计划、范围基准和以往项目信息，通过相应的活动定义方法，得到活动清单和活动属性。

1. 活动清单

活动清单是一份包含项目所需的全部进度活动的清单。活动清单中应该包括每个活动的标志和足够详细的工作描述，使项目团队成员知道应当完成哪些工作。

一个软件项目活动清单示例如表 3-1 所示。

表 3-1　　　　　　　　　　　　　软件项目活动清单示例

活动编号	活动名称	输入	输出	内容	负责人	目前状态	验收评价
2	需求分析	可行性研究	需求报告	手机用户需求	李达	已完成	良好
5	编码	设计报告	程序	编写程序	陈宫	已完成	合格
6.2	集成测试	单元测试	测试报告	系统功能测试	张飞	已完成	优秀
6.3	验收测试	集成测试	测试报告	用户测试	王猛	进行中	
……							

2. 活动属性

活动属性是指每项活动所具有的多种属性，用来扩展对该活动的描述。

活动属性随时间演进。在项目初始阶段，活动属性包括活动标志、WBS 标志和活动名称；当活动完成时，活动属性则可能还包括活动编码、活动描述、紧前活动、紧后活动、逻辑关系、时间提前与滞后量、资源需求、强制日期、制约因素和假设条件。活动属性还可用于识别工作执行负责人、实施工作的地点，以及活动类型，如人力投入量（Level of Effort，LoE）、分立型投入（Discrete Effort，DE）与分摊型投入（Apportioned Effort，AE）。活动属性可用于编制进度计划，还可基于活动属性，在项目报告中以各种方式对进度活动进行选择、排序和分类。活动属性的数量因应用领域而异。

3.2.3　里程碑清单

里程碑是项目中的重要时点或事件。里程碑清单列出了项目所有里程碑，并指明每个里程碑是强制性的（如合同要求的）还是选择性的（如根据历史信息确定的）。里程碑与常规的进度活动类似，有相同的结构和属性，但是里程碑的持续时间为零，因为里程碑代表的是一个时间点。

里程碑也是有层次的，在父里程碑层次可以定义子里程碑，不同规模项目的里程碑，其数量也是不一样的，里程碑可以合并或分解。例如，在软件测试周期中，可以定义下述 5 个父里程碑和十几个子里程碑。

M1：测试计划和设计

　　M11：测试计划制定

　　M12：测试计划审查

M13：测试用例设计

M14：测试用例审查

M2：代码（包括单元测试）完成

M3：测试执行

M31：集成测试完成

M32：功能测试完成

M33：系统测试完成

M34：验收测试完成

M35：安装测试完成

M4：代码冻结

M5：测试结束

M51：为产品发布进行最后一轮测试

M52：写测试和质量报告

3.3　活动排序

活动排序是识别和记录项目活动之间的关系的过程。本过程的主要作用是：定义工作之间的逻辑顺序，以便在既定的所有项目制约因素下获得最高的效率。

3.3.1　活动排序方法

1. 紧前关系绘图法

紧前关系绘图法（Precedence Diagramming Method，PDM）是创建进度模型的一种技术，用节点表示活动，用一种或多种逻辑关系连接活动，以显示活动的实施顺序。活动节点法（Activity-on-node，AON）是紧前绘图法的一种展示方法，是大多数软件项目管理所使用的方法。

紧前活动是在进度计划的逻辑路径中，排在非开始活动前面的活动。紧后活动是在进度计划的逻辑路径中，排在某个活动后面的活动。PDM 包括如下四种逻辑关系，分别如图 3-1 所示。

（1）完成到开始（Finish-Start，FS）。只有紧前活动完成，紧后活动才能开始的逻辑关系。例如，软件项目中，只有编码（紧前活动）结束，测试（紧后活动）才能开始。

（2）完成到完成（Finish-Finish，FF）。只有紧前活动完成，紧后活动才能完成的逻辑关系。例如，只有完成测试报告的编写（紧前活动），才能完成测试报告的编辑（紧后活动）。

（3）开始到开始（Start-Start，SS）。只有紧前活动开始，紧后活动才能开始的逻辑关系。例如，开始单元测试之后，才能开始集成测试。

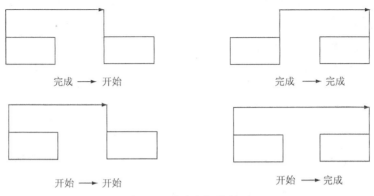

图 3-1　活动之间的关系

（4）开始到完成（Start-Finish，SF）。只有紧前活动开始，紧后活动才能完成的逻辑关系。例如，只有第二位保安人员开始值班（紧前活动），第一位保安人员才能结束值班（紧后活动）。

在 PDM 图中，"完成到开始"是最常用的逻辑关系类型，"开始到完成"关系则很少使用。为了保持 PDM 四种逻辑关系类型的完整性，这里也将"开始到完成"列出。

2．提前量和滞后量

提前量是相对于紧前活动，紧后活动可以提前的时间量。例如，在某软件项目中，系统测试可以在收尾清单编制完成前 10 天开始，这就是带 10 天提前量的完成到开始关系，如图 3-2 所示。

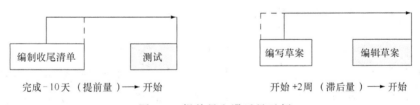

图 3-2　提前量和滞后量示例

滞后量是相对于紧前活动，紧后活动需要推迟的时间量。例如，对于一个大型技术文档，编写小组可以在编写工作开始后 2 周，开始编辑文档草案。这就是带 2 周滞后量的开始到开始关系，如图 3-2 所示。项目管理团队应该明确哪些逻辑关系中需要加入提前量或滞后量，以便准确地表示活动之间的逻辑关系。

3.3.2　项目网络图

根据进度管理计划、活动清单、活动属性、里程碑清单、项目范围说明书和以往项目经验等信息，通过一定的活动排序方法，可以得到项目网络图。

项目网络图是表示项目活动之间的逻辑（依赖）关系的图形。图 3-3 是项目网络图的一个示例。项目活动网络图可手工或借助项目管理软件（如 Visio，Project 等）来绘制。网络图可包括项目的全部细节，也可只列出一项或多项概括性活动。项目网络图应附有简要文字描述，说明活动排序所使用的基本方法。在文字描述中，还应该对任何异常的活动序列做详细说明。

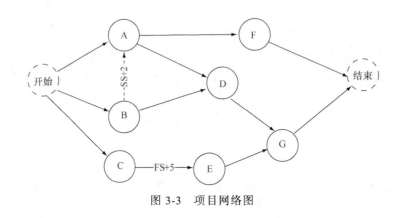

图 3-3　项目网络图

3.4　活动资源估算

估算活动资源是估算执行各项活动所需的材料、人员、设备或用品的种类和数量的过程。本过程的主要作用是：明确完成活动所需的资源种类、数量和特性，以便做出更准确的成本和持续时间估算。

3.4.1　自下而上的估算方法

自下而上估算是一种估算项目持续时间或成本的方法，通过从下到上逐层汇总WBS 组件的估算而得到项目估算。如果无法以合理的可信度对活动进行估算，则应将活动中的工作进一步细化，然后估算资源需求，接着再把这些资源需求汇总起来，得到每个活动的资源需求。如果活动之间存在会影响资源利用的依赖关系，就应该对相应的资源使用方式加以说明，并记录在活动资源需求中。

在资源估算过程中，经常需要利用专家判断，来评价活动对资源的需求关系，具有资源规划与估算专业知识的任何小组或个人，都可以提供这种专家判断。

3.4.2　活动资源需求

根据进度管理计划、活动清单、活动属性、里程碑清单、项目范围说明书、活动成本估算和以往项目经验等信息，通过自下而上的估算方法，可以得到活动资源需求情况和资源分解结构。

活动资源需求明确了工作包中每个活动所需的资源类型和数量。然后，把这些需求汇总成每个工作包和每个工作时段的资源估算。资源需求描述的细节数量和具体程度与软件项目领域和规模有关。在资源需求文件中，应说明每种资源的估算依据，以及为确定资源类型、可用性和所需数量所做的假设。

一个软件项目活动资源需求表示例如表 3-2 所示。

表 3-2　　　　　　　　　　　　　　　活动资源需求表

WBS 编号	资源类型	数量	说明

假设：

资源分解结构是资源依类别和类型的层级展现。资源类别包括人力、材料、设备和用品。资源类型包括技能水平、等级水平或适用于项目的其他类型。资源分解结构有助于结合资源使用情况，组织与报告项目的进度数据。

3.5　活动历时估算

活动历时估算是根据资源估算的结果，估算完成单项活动所需工作时段数的过程。本过程的主要作用是，确定完成每个活动所需花费的时间量，为制定进度计划过程提供主要依据。

3.5.1　历时估算的依据

活动历时估算主要基于如下信息：

（1）工作活动的详细清单。

（2）项目约束和假设前提。

（3）资源情况。大多数活动的时间将受到分配给该活动的资源情况的影响。例如，当人力资源减少一半时，活动的历时一般来说会增加一倍。

（4）资源能力。对多数活动来说，其历时将受到分配给它们的人力及设备材料资源的明显影响。例如，一个全职的项目经理处理一件事情的时间将会明显少于一个兼职的项目经理处理该事件的时间。

（5）历史信息。类似的历史项目活动的资料，对于项目历时的确定是有借鉴意义的。一般包括项目档案、公用的活动历时估算数据库等。

3.5.2 历时估算方法

1．专家判断

通过借鉴历史信息，专家判断能提供持续时间估算所需的信息，或根据以往类似项目的经验，给出活动历时的上限。专家判断也可用于决定是否需要联合使用多种估算方法，以及如何协调各种估算方法之间的差异。

2．类比估算

类比估算是一种使用相似活动或项目的历史数据，来估算当前活动或项目的持续时间或成本的技术。类比估算以过去类似项目的参数值（如持续时间、预算、规模、复杂性等）为基础，来估算未来项目的同类参数或指标。在估算持续时间时，类比估算技术以过去类似项目的实际持续时间为依据，来估算当前项目的持续时间。这是一种粗略的估算方法，有时需要根据项目复杂性方面的已知差异进行调整。在项目详细信息不足时，就经常使用这种技术来估算项目持续时间。

相对于其他估算技术，类比估算通常成本较低、耗时较少，但准确性也较低。可以针对整个项目或项目中的某个部分，进行类比估算。类比估算可以与其他估算方法联合使用。如果以往活动是本质上而不是表面上类似，并且从事估算的项目团队成员具备必要的专业知识，那么类比估算就最为可靠。

3．参数估算

参数估算是一种基于历史数据和项目参数，使用某种算法来计算成本或持续时间的估算技术。参数估算是指利用历史数据之间的统计关系和其他变量（如软件项目中的代码行数），来估算诸如成本、预算和持续时间等活动参数。

把需要实施的工作量乘以完成单位工作量所需的工时，即可计算出活动历时。例如，在软件项目中，将某个模块的代码行数乘以每行代码所需的工作量，就可以得到该模块活动的持续时间。

参数估算的准确性取决于参数模型的成熟度和基础数据的可靠性。参数估算可以针对整个项目或项目中的某个部分，并可与其他估算方法联合使用。

4．三点估算

三点估算的概念来自计划评审技术（Program Evaluation and Review Technique，PERT），在估算中考虑不确定性和风险，可以提高活动历时估算的准确性。在活动历时估算中，首先需要估算出进度的 3 个估算值，然后使用这 3 种估算值来界定活动历时的近似区间：

最可能时间（T_M）。对所需进行的工作和相关时间进行比较现实的估算，所估算的活动历时。

最乐观时间（T_O）。基于最好的情况，所估算的活动历时。

最悲观时间（T_P）。基于最差的情况，所估算的活动历时。

三点估计即根据以上三个值进行加权平均，来计算活动的持续时间，使估算更加准确：

活动持续时间 $T_E = (T_O + 4T_M + T_P)/6$

此外，我们也可以根据三个估算值计算其标准差，即一个西格玛为（$T_O - T_P$）/6，据此来界定活动历时的近似区间。例如某活动的历时估算范围为 3 周±2 天，表明活动至少需要 13 天，最多不超过 17 天（假定每周工作 5 天）。

活动历时估算值中不包括任何滞后量，但是可以指出估算的准确性概率，例如：2周±2 天，超过 3 周的概率为 15%，表明该活动将在 3 周内（含 3 周）完工的概率为 85%。

3.6　制定进度计划

制定进度计划是分析活动顺序、持续时间、资源需求和进度制约因素，创建项目进度模型的过程。本过程的主要作用是：把进度活动、持续时间、资源、资源可用性和逻辑关系代入进度规划工具，从而形成包含各个项目活动的计划日期的进度模型。

3.6.1　制定进度计划方法

1. 关键路径法

关键线路法（Critical Path Method，CPM）是一种运用特定的、有顺序的网络图和活动历时估算值，确定项目每项活动最早开始时间（Early Start，ES）、最早结束时间（Early Finish，EF）、最晚开始时间（Late Start，LS）和最晚结束时间（Late Finish，LF），并制定项目进度网络计划的方法。关键路径法关注的是项目活动网络中关键路径的确定和关键路径总工期的计算，其目的是使项目工期能够达到最短。因为只有时间最长的项目活动路径完成之后，项目才能够完成，所以一个项目中最长的活动路径被称为"关键路径"。

例 3-1　图 3-4 是一个项目网络图，实线节点为活动，包括活动名称和活动历时估算值，不难得到，C-E-G 就是一条关键路径。

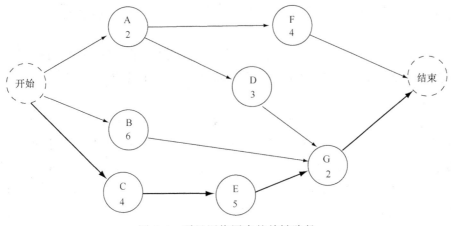

图 3-4　项目网络图中的关键路径

在关键路径方法中，需要确定每个活动的最早开始时间（ES）、最早结束时间（EF）、最晚开始时间（LS）和最晚结束时间（LF），这4个时间可以通过下列规则计算得到。

规则1：除非另外说明，项目起始时间定于时刻0。

规则2：任何节点最早开始时间等于最邻近紧前活动节点最早完成时间的最大值。

规则3：活动的最早完成时间是该活动的最早开始时间与其历时估算值之和。

规则4：项目的最早完成时间等于项目活动网络中最后一个节点的最早完成时间。

规则5：除非项目的最晚完成时间明确，否则就定为项目的最早完成时间。

规则6：如果项目的最终期限为 t_p，那么LF（项目）= t_p。

规则7：活动的最晚完成时间是该活动的最邻近后续行动的最晚开始时间的最小值。

规则8：活动的最晚开始时间是其最晚完成时间与历时估算值之差。

基于以上规则，可以得到例3-1中图3-4附有最早开始时间、最早结束时间、最迟开始时间、最迟结束时间的网络图，如图3-5所示。

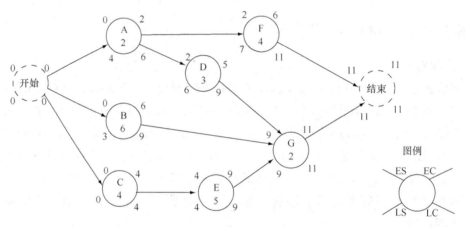

图3-5　附带开始时间和结束时间的项目网络图

在不影响项目最早结束时间的条件下，活动最早开始（或者结束）时间可以推迟的时间，称为该活动的机动时间。不难发现，关键路径上所有活动的机动时间都为零。

在图3-5中，项目的最早完工为11天，假设用户可以接受的合同完工时间为18天，那么根据上面的计算方法，可以得到上面例子中各个活动的最迟时间（LS和LF），如图3-6所示。

上述方法没有考虑资源受限的情况，很多情况下，项目资源是有限制的，比如软件项目最重要资源——人力资源受限的情况下，如何得到项目的进度计划呢？

例3-2　假如某项目的网络图如图3-7所示，各活动人力资源需求和历时估算值分别如表3-3中第3列和第4列所示，假设人力资源受限，只有10人，每人都能胜任各活动的工作，那么在此人力资源受限的情况下如何计算得到项目进度安排？

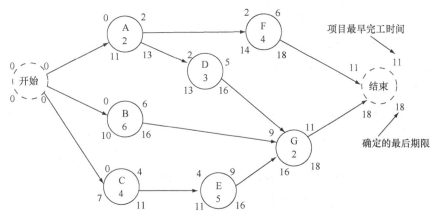

图 3-6　有最后期限的项目网络图

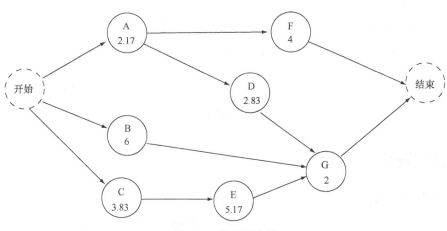

图 3-7　项目网络图

表 3-3　　　　　　　　　　　　　某项目各活动数据

活动	紧前活动	需要的操作人员数	历时估算值
A	—	3	2.17
B	—	5	6.00
C	—	4	3.83
D	A	2	2.83
E	C	4	5.17
F	A	2	4.00
G	B，D，E	6	2.00

　　通常有两种资源分配方案，第一种，最长历时的活动优先安排资源，那么根据表 3-3 中的数据和图 3-7 中活动的逻辑关系可以得到人力资源为 10 人的情况下，活动开

工顺序为 BCEADFG。在此活动顺序下该项目各活动的进度安排如下。

步骤 1：时间 0.0，最先可以开工的活动为 A、B 和 C，历时最长的活动 B 和 C 先开工，且人力资源需求不超过限制，活动 A 等待。

步骤 2：时间 3.83，活动 C 结束，此时 5 人可用，可以开工的活动为 A 和 E，选择历时较大的 E 开工，A 等待。

步骤 3：时间 6.0，活动 B 结束，此时 6 人可用，可以开工的活动只有 A，因此 A 开工。

步骤 4：时间 8.17，活动 A 结束，此时 6 人可用，可以开工的活动有 D 和 F，且 D 和 F 的人力资源需求总和为 6，此时，D 和 F 同时开工。

步骤 5：时间 9.0，活动 E 结束，此时 4 人可用，但没有可以开工的活动，继续等待。

步骤 6：时间 11.0，活动 D 结束，此时 6 人可用，活动 G 开工。

步骤 7：时间 12.17，活动 F 结束，没有活动等待开工。

步骤 8：时间 13.0，活动 G 结束，整个项目完成。

根据以上步骤，可得如图 3-8 中所示的各活动进度安排。

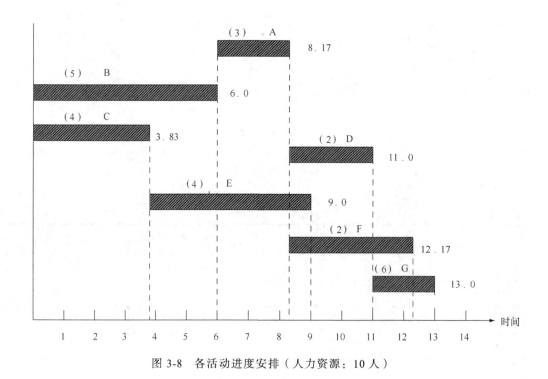

图 3-8　各活动进度安排（人力资源：10 人）

在例 3-2 中，还有一种资源分配方案，即活动历时最短优先安排人力资源，读者可按照上述方法进行项目活动进度安排，然后比较这两种方案。

2. 帕肯森定律和关键链

帕肯森定律（Parkinson's Law）指的是工作总是拖延到它所能够允许最迟完成的那

一天。（Work expands to fit the allowed time.）也就是说如果工作允许它拖延、推迟完成的话，往往这个工作总是推迟到它能够最迟完成的那一天，很少有提前完成的。大多数情况下，都是项目延期、工作延期，或者是勉强按期完成任务。

（1）项目延期原因分析

在通常工作当中，提前完成工作的人不但不受奖，反而会受罚。例如，如果你的公司老板交给你一项工作，计划 10 天完成，如果你用一周时间完成了老板计划 10 天完成的任务，老板可能会认为这个工作本来就不需要 10 天时间，因此你不会因为提前完成工作而得到老板表扬。如果第二次安排一个同样任务，项目计划就会从原来的 10 天缩短为 7 天，也就是说提前完成任务带来的结果是为下一个任务增加了难度。

类似情况也存在于产品销售中，有些销售人员本来有潜力可以使销售额做得更大，销售更多的产品，但是他不会选择这种做法，而是有所保留。因为他担心如果他今年销售额突破一个新高的话，很可能会导致明年有更高的一个绩效作为考核的基本水平，由于这种担心，每个人工作都会有一定保留，存在一定的安全裕量或者是隐藏安全裕量。

（2）关键链法

那么，根据帕肯森定律，如何改进项目的管理？关键链法就是针对以上情况的解决办法。

关键链法和关键路径法的区别是：关键路径法是工作安排尽早开始，尽可能提前，而关键链法是尽可能推迟。

关键链法的提出主要基于以下两方面的考虑。

① 如果一项工作尽早开始，往往存在着一定的松弛量、时间浮动和安全裕量，那么这个工作往往推迟到它最后所允许的那一天为止。这一期间整个工作就没有充分发挥它的效率，造成了人力、物力的浪费。如果按照最迟的时间开始做安排，没有浮动和安全裕量，无形当中对从事这个项目的工作人员施加了压力，他没有任何选择余地，只有尽可能努力地按时完成既定任务。这是关键链法所采用的一种思路。

② 在进行项目估算的时候，需要设法把个人估算当中的一些隐藏的裕量剔除。经验表明，人们在进行估算的时候，往往是按照能够 100%所需要的时间来进行时间估算。在这种情况下，如果按照 50%的可能性，只有一半的可能性能够完成任务，有 50%的可能性又要延期，这样就大大缩短了原来对工作时间的估算。

按照平均规律，把项目中所有的任务都按照 50%的规律进行项目的时间估算，结果使项目整个估算时间总体压缩了 50%，如果把它富余的时间压缩出来，作为一个统一的安全备用，作为项目管理的一个公共资源统一调度、统一使用，使备用的资源有效运用到真正需要它的地方，这样就可以大大缩短项目的整体工期。

3.6.2　项目进度计划

项目进度计划展示活动之间的相互关联，以及开始结束日期、持续时间、里程碑和所需资源。项目进度计划中至少要包括每个活动的计划开始日期与计划结束日期。即使在早期阶段就进行了资源规划，在未确认资源分配和计划开始与结束日期之前，项目进度计划都只是初步的。一般要在项目管理计划编制完成之前进行确认。项目进度计划可以是概括（有时称为里程碑进度计划）或详细的。虽然项目进度计划可用列表形式，但图形方式更常见。可以采用以下一种或多种图形来呈现。

（1）甘特图。是展示进度信息的一种图表方式。在甘特图中，进度活动列于纵轴，日期排于横轴，活动历时则表示为按开始和结束日期定位的水平条形。甘特图相对易读，常用于向管理层汇报情况。绘制甘特图的工具很多，常用的有 Project 和 Visio，图3-9 为 Visio 绘制的一个甘特图实例，该实例考虑了双休日的问题，可以根据实际，进行设置。

ID	×模块开发	开始时间	完成时间	历时	2015年 10月										2015年 11月								
					22	23	休	休	26	27	28	29	30	休	休	2	3	4	5	6	休	休	9
1	需求核实	2015-10-22	2015-10-23	2d																			
2	设计	2015-10-26	2015-10-30	5d																			
3	实现	2015-11-2	2015-11-4	3d																			
4	测试	2015-11-5	2015-11-6	2d																			
5	完成	2015-11-9	2015-11-9	1d																			

图 3-9　甘特图示例

（2）里程碑图。与甘特图类似，但仅标示出主要可交付成果和关键外部接口的计划开始或完成日期。图 3-10 为一个软件项目的里程碑示例图，图中的方块符号为里程碑，里程碑所指示的时间为关键活动的完成时间。

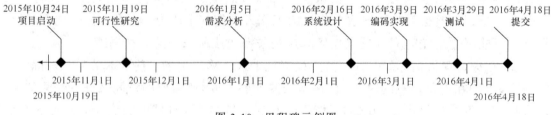

图 3-10　里程碑示例图

3.6.3　进度基准和数据

进度基准是经过批准的进度计划，只有通过正式的变更控制程序才能进行变更，用作与实际结果进行比较的依据。它被相关干系人接受和批准，其中包含基准开始日期和基准结束日期。在监控过程中，将用实际开始和结束日期与批准的基准日期进行比较，以确定是否存在偏差。进度基准是项目管理计划的组成部分。

项目进度模型中的进度数据是用以描述和控制进度计划的信息集合。进度数据至少包括进度里程碑、进度活动、活动属性，以及已知的全部假设条件与制约因素。所需的其他数据因应用领域而异。经常可用作支持细节的信息包括：

（1）按时段计列的资源需求，往往以资源直方图表示。

（2）备选的进度计划，如最好情况或最坏情况下的进度计划、经资源平衡或未经资源平衡的进度计划、有强制日期或无强制日期的进度计划。

（3）进度应急储备。进度数据还可包括资源直方图、现金流预测，以及订购与交付进度安排等。

3.7　进度控制

控制进度是监督项目活动状态，更新项目进展，管理进度基准变更，以实现计划的过程。本过程的主要作用是：提供发现计划偏离的方法，从而可以及时采取纠正和预防措施，以降低风险。

进度控制的主要工作包括：分析偏离进度基准的原因与程度，评估这些偏差对未来工作的影响，确定是否需要采取纠正或预防措施。例如，非关键路径上的某个活动发生较长时间的延误，可能不会对整体项目进度产生影响；而某个关键或次关键活动的稍许延误，却可能需要立即采取行动。对于不使用挣值管理的项目，需要开展类似的偏差分析，比较活动的计划开始和结束时间与实际开始和结束时间，从而确定进度基准和实际项目绩效之间的偏差。还可以进一步分析，以确定偏离进度基准的原因和程度，并决定是否需要采取纠正或预防措施。

3.7.1　进度审查

进度审查是指测量、对比和分析进度绩效，如实际开始和完成日期、已完成百分比及当前工作的剩余持续时间。进度审查可以使用各种技术，其中包括以下几项。

1. 趋势分析

趋势分析检查项目绩效随时间的变化情况，以确定绩效是在改善还是在恶化。图形分析技术有助于理解当前绩效，并与未来的目标绩效（表示为完工日期）进行对比。

2. 关键路径法

通过比较关键路径的进展情况来确定进度状态。关键路径上的差异将对项目的结束日期产生直接影响。评估次关键路径上的活动的进展情况，有助于识别进度风险。

3. 挣值管理

采用进度绩效测量指标，如进度偏差（Schedule Variance，SV）和进度绩效指数（Schedual Perfoamance Index，SPI），评价偏离初始进度基准的程度。针对 WBS 组件，特别是工作包和控制账户，计算出进度偏差（SV）与进度绩效指数（SPI），并记录在案，传达给干系人。当进度绩效指数 SPI 小于 1 时，表示进度延误，即实际进度比计划进度拖后；当进度绩效指数 SPI 大于 1 时，表示进度提前，即实际进度比计划进度快。

3.7.2　进度优化与控制

可以使用下列方法进行进度优化和控制。

1．进度预测和资源优化

进度预测是根据已有的信息和知识，对项目未来的情况和事件进行的估算或预计。随着项目执行，应该基于工作绩效信息，更新和重新发布预测。这些信息包括项目的过去绩效和期望的未来绩效，以及可能影响项目未来绩效的挣值绩效指数。

资源优化是在同时考虑资源可用性和项目时间的情况下，对活动和活动所需资源进行调整和平衡优化，以改进项目进度计划。

2．提前量和滞后量

提前量和滞后量是网络分析中使用的一种调整方法，通过调整紧后活动的开始时间来优化进度计划。提前量用于在条件许可的情况下提早开始紧后活动；而滞后量是在某些限制条件下，在紧前和紧后活动之间增加一段不需工作或资源的自然时间，例如在大型技术文件编写项目中，通过消除或减少滞后量，把草稿编辑工作调整到草稿编写完成之后立即开始，可参见 3.3.1 节之 2。在网络分析中调整提前量与滞后量，可使进度滞后的活动赶上计划。

3．进度压缩

进度压缩技术是指在不缩减项目范围的前提下，缩短进度工期，以满足进度制约因素、强制日期或其他进度目标。进度压缩技术主要有赶工和快速跟进。

（1）赶工。是通过增加资源，以最小的成本增加来压缩进度工期的一种技术。赶工的例子包括批准加班、增加额外资源或支付加急费用，来加快关键路径上的活动。赶工只适用于那些通过增加资源就能缩短持续时间的，且位于关键路径上的活动。赶工并非总是切实可行，它可能导致风险以及成本的增加。

（2）快速跟进。一种进度压缩技术，将正常情况下按顺序进行的活动或阶段改为至少是部分并行开展。例如，在软件项目中，需求分析尚未全部完成前就开始进行系统设计。快速跟进可能造成返工和风险增加。它只适用于能够通过并行活动来缩短项目工期的情况。

4．变更请求

通过分析进度偏差，审查进展报告、绩效测量结果和项目范围或进度调整情况，可能会对进度基准、范围基准和项目管理计划的其他组成部分提出变更请求。应该把变更请求提交给项目整体变更控制过程进行审查和处理。预防措施可包括推荐的变更，以消除或降低不利进度偏差的发生概率。

3.8 案例研究

案例一 工期拖了怎么办?

某公司准备开发一个软件产品。在项目开始的第一个月,项目团队给出了一个非正式的、粗略的进度计划,估计产品开发周期为 12～18 个月。一个月以后,产品需求已经写完并得到了批准,项目经理制定了一个 12 个月期限的进度表。因为这个项目与以前的一个项目类似,项目经理为了让技术人员去做一些"真正的"工作(设计、开发等),在制定计划时就没让技术人员参加,自己编写了详细进度表并交付审核。每个人都相当乐观,都知道这是公司很重要的一个项目。然而没有一个人重视这个进度表。公司要求尽早交付客户产品的两个理由是:①为下一个财年获得收入;②有利于让主要客户选择这个产品而不是竞争对手的产品。团队中没有人对尽快交付产品产生怀疑。

在项目开发阶段,许多技术人员认为计划安排得太紧,没考虑节假日,新员工需要熟悉和学习的时间也没有考虑进去,计划是按最高水平的员工的进度安排的。除此之外,项目成员也提出了其他一些问题,但基本都没有得到相应的重视。

为了缓解技术人员的抱怨,计划者将进度表中的工期延长了两周。虽然这不能完全满足技术人员的需求,但这还是必要的,在一定程度上减少了技术人员的工作压力。技术主管经常说:"产品总是到非做不可时才做,所以才会有现在这样一大堆要做的事情。"

计划编制者抱怨说:"项目中出现的问题都是由于技术主管人员没有更多的商业头脑造成的,他们没有意识到为了把业务做大,需要承担比较大的风险,技术人员不懂得做生意,我们不得不促使整个组织去完成这个进度。"

在项目实施过程中,这些争论一直很多,几乎没有一次能达成一致意见。商业目标与技术目标总是不能达成一致。为了项目进度,项目的规格说明书被匆匆赶写出来。但提交评审时,意见很多,因为很不完善,但为了赶进度,也只好接受。

在原来的进度表中有对设计进行修改的时间,但因前期分析阶段拖了进度,即使是加班加点工作,进度也很缓慢。这之后的编码、测试计划和交付产品也因为不断修改规格说明书而不断进行修改而造成返工。

12 个月过去了,测试号工作的实际进度比计划进度落后了 6 周,为了赶进度,他们将单元测试与集成测试同步进行。但麻烦接踵而来,由于开发小组与测试小组同时对代码进行测试,两个组都会发现错误,但是测试人员发现错误的响应很迟缓,开发人员正忙于自己的工作。为了解决这个问题,项目经理命令开发人员优先解决测试组提出的问题,而项目经理也强调测试的重要性,但最终的代码还是问题很多。

现在进度已经拖后 10 周,开发人员加班加度,经过如此长的时间加班时间,大家都很疲惫，也很灰心和急躁。而工作还没有结束，如果按照目前的进度方式继续的话，整个项目将比原计划拖延 4 个月的时间。

【案例问题】

1. 俗话说计划赶不上变化，软件需求又总是变化，制定项目进度计划有意义吗？
2. 编制计划时，邀请项目组成员参与有哪些好处？
3. 对于软件项目应制定怎样的进度计划？应细化到何种程度？
4. 编制项目进度时，重点应该考虑哪些因素？

案例二　某软件公司的进度计划控制

某软件公司属于一个发展中的公司，公司从一个小公司通过与大公司合股，2004年成了上市公司的一个子公司，2006年又通过和大公司的合并成了上市公司，但是市场人员买软件及实施人员实施软件，仍然是小公司的模式，目前该公司正在实施的一个较大软件项目，该项目的用户是省级的养老保险局，所做的项目是养老保险指纹身份验证系统，主要工作是采集省养老保险局统筹管理的企业内的离退休人员指纹。省养老保险局管理的企业达 500 多家，离退休人员在 1000 到 4 万之间企业有 200 多家。由于企业多，企业管理的离退休人员多，离退休人员居住地方不集中，所以采集信息时有一定困难，但这不是最主要的问题，最大的困难来自以下几个方面：

第一，该项目由省局的一个处室负责，该处室还有一项重要工作是保证离退休金的足额发放，所以在项目进行过程中，项目进度都是用户（该处室）控制，用户规定什么时间段内做什么，该公司就制定相应时间段内的项目进度计划。

第二，当项目进度计划写好后，在计划的时间段内 90% 都不能按计划执行，因为处室要和企业协调，企业不积极，处室又有其他工作。

第三，每次讨论阶段内的计划时，基本上都是由用户安排，所以该公司的主动权很少。

第四，编制的项目进度在遇到五一、十一、元旦、春节等节假日时，一般节假日的前后 15 天之内基本上也做不成事。

【案例问题】

1. 分析影响该项目进度的主要问题是什么？
2. 如果你是这个项目的负责人，应该如果更好把握这个项目的进度？

习题与实践

一、习题

1. 简述时间管理包括哪些内容。
2. 理解时间管理的重要性。

3. 简述绘制网络图的步骤及注意事项。

4. 简述软件项目常用的进度估算方法。

5. 简述编制项目进度计划的依据。

6. 简述项目进度的控制过程。

7. 调整项目进度需要考虑哪些方面？

8. 项目时间管理与其他管理过程的关系。

二、实践

继续上章实践环节确定的项目，利用 Visio 或者 Project 软件，完成以下任务。

（1）根据上一 WBS 结构，了解影响活动排序的因素，并估算活动历时。

（2）编制项目网络图，并识别关键路径。

（3）创建甘特图。

（4）创建里程碑。

第 4 章
成本管理

在计算机发展的早期，硬件成本在整个计算机系统中占很大的百分比，而软件成本占比很小。随着计算机应用技术的发展，特别是在今天，在大多数应用系统中，软件已成为开销最大的部分。为了保证软件项目能在规定的时间内完成任务，而且不超过预算，成本的估算和管理控制非常关键。本章将介绍软件项目成本管理规划、成本估算、预算及成本控制方法等内容。

软件项目成本管理的主要过程有：成本管理规划、成本估算、成本预算以及成本控制。这些过程不仅彼此相互作用，而且还与其他知识域中的过程相互作用。在某些项目，特别是范围较小的软件项目中，成本估算和成本预算之间的联系非常紧密，以至于可视为一个过程，由一个人在较短时间内完成。

4.1 成本管理规划

规划成本管理是为规划、管理、花费和控制项目成本而制定政策、程序和文档的过程。本过程的主要作用是：在整个项目中为如何管理项目成本提供指南和方向。

应该在项目规划阶段的早期就对成本管理工作进行规划，建立各成本管理过程的基本框架，以确保各过程的有效性及各过程之间的协调性。

4.1.1 软件项目成本特点

软件项目造价昂贵，并以经常超过预算为特点。由于软件项目成本管理自身的困难所致，许多软件项目在成本管理方面都不是很规范。尽管软件项目成本超支的原因复杂，但并非没有解决办法。实际上结合软件项目的成本特点，应用恰当的项目成本管理技术和方法可以有效地改变这种情况。

软件项目成本有如下特点。

（1）人工成本高。由于软件项目具有知识密集型特点，对项目实施人员的专业技术水平要求较高，这种高层次的专业人员的脑力劳动的报酬标准通常远高于一般的体力劳动者。所以，员工的薪金通常占到整个项目预算较高的比例。

（2）直接成本低，间接成本高。项目的直接成本主要是指与项目有直接关系的成本费用，是与项目直接对应的，包括直接人工费用、直接材料费用、其他直接费用等；项目间接成本是指不直接为某个特定项目，而是为多个项目发生的支出，比如办公楼租金、水电费等。软件项目成本与一般工程项目相比，直接成本在总成本中所占的比例相对较低，而间接成本却占到较高的比例。软件行业成本管理本身就处于较低的水平，没有相对统一的间接成本分摊标准和依据，所以，对于多项目间接成本的划分和归属就非常不清晰，严重影响了对项目成本的有效监控管理。

（3）维护成本高且较难确定。维护成本的高低与项目实施的结果是密切相关的。一个成功的软件项目的后期维护成本较低，但通常在软件项目实施过程中的干扰因素很多，项目的变更也时常出现，使得项目的执行结果通常与预期存在较大的偏差，这就会给后期维护工作带来很多麻烦。一些项目在实际的使用过程中通常会出现预先没有料到的问题，维护工作相当复杂，费用也就居高不下。

（4）成本变动频繁，风险成本高。所谓风险成本，是指项目的不确定性带来的额外成本。软件项目的多变性是其实施过程中的重要特点之一。项目变更后，其成本范围就可能超出了原先的项目计划和预算，这样很不利于项目的整体控制。因此产生的沟通、协调费用，甚至项目返工等风险，都给成本控制增加了难度，从而大大增加了项目的总成本。

4.1.2　成本管理计划

可以根据项目管理计划、项目章程、事业环境因素（见附录）和组织过程资产中与成本有关的内容，通过一定的规划分析方法，包括专家判断和会议讨论进行成本管理规划，得到成本管理计划，为稍后的成本管理提供参考和指导。

成本管理计划，是项目管理计划的组成部分，描述将如何规划、安排和控制项目成本。成本管理计划通常规定以下内容：

（1）计量单位。需要规定每种资源的计量单位，例如用于测量时间的人时数、人天数或周数，或者用货币表示的总价。

（2）精确度。根据活动范围和项目规模，设定成本估算向上或向下取整的程度（例如，100.49 美元取整为 100 美元，995.59 美元取整为 1000 美元）。

（3）准确度。为活动成本估算规定一个可接受的区间（如±10%），其中可能包括一定数量的应急储备。

（4）组织程序链接。WBS 为成本管理计划提供了框架，以便据此规范地开展成本估算、预算和控制。在项目成本核算中使用的 WBS 组件，称为控制账户（CA）。每个控制账户都有唯一的编码或账号，直接与执行组织的会计制度相联系。

（5）控制临界值。可能需要规定偏差临界值，用于监督成本绩效。它是在需要采取某种措施前，允许出现的最大偏差。通常用偏离基准计划的百分数来表示。

（6）绩效测量规则。需要规定用于绩效测量的挣值管理（EVM）规则，例如，成本管理计划应该：

- 定义 WBS 中用于绩效测量的控制账户；
- 确定拟用的挣值测量技术（如加权里程碑法、固定公式法、完成百分比法等）；
- 规定跟踪方法，以及用于项目完工成本估算（EAC）的挣值管理公式，该公式计算出的结果可用于验证通过自下而上方法得出的完工估算。

（7）报告格式。需要规定各种成本报告的格式和编制频率。

（8）过程描述。对其他每个成本管理过程进行书面描述。

（9）其他细节。关于成本管理活动的其他细节，例如对战略筹资方案的说明，处理汇率波动的程序，以及记录项目成本的程序。

4.2　成本估算

估算成本是对完成项目活动所需资金进行近似估算的过程。本过程的主要作用是确定完成项目工作所需的成本数额。

成本估算是在某特定时点，根据已知信息所做出的成本预测。在估算成本时，需要识别和分析可用于启动与完成项目的备选成本方案，需要权衡备选成本方案并考虑风险，如比较自制成本与外购成本、购买成本与租赁成本及多种资源共享方案，以优化项目成本。

通常用某种货币单位（如美元、欧元、日元等）进行成本估算，但有时也可采用其他计量单位，如人时数或人天数，以消除通货膨胀的影响，便于成本比较。

4.2.1　成本估算方法

1. 自下而上估算

自下而上估算是对工作组成部分进行估算的一种方法。首先对单个工作包或活动的成本进行最具体、细致的估算；然后把这些细节性成本向上汇总或"滚动"到更高层次，用于后续报告和跟踪。自下而上估算的准确性及其本身所需的成本，通常取决于单个活动或工作包的规模和复杂程度。

2. 类比估算

成本类比估算是指以过去类似项目的参数值（如范围、成本、预算和持续时间等）或规模指标（如尺寸、重量和复杂性等）为基础，来估算当前项目的同类 参数或指标。在估算成本时，这项技术以过去类似项目的实际成本为依据，来估算当前项目的成本。这是一种粗略的估算方法，有时需要根据项目复杂性方面的差异进行调整。

在项目详细信息不足时，例如在项目的早期阶段，就经常使用这种技术来估算成本数值。该方法综合利用历史信息和专家判断。

相对于其他估算技术，类比估算通常成本较低、耗时较少，但准确性也较低。可以针对整个项目或项目中的某个部分，进行类比估算。类比估算可以与其他估算方法联合使用。如果以往项目是本质上而不只是表面上类似，并且从事估算的项目团队成员具备必要的专业知识，那么类比估算就最为可靠。

3. 代码行估算

代码行（Line of Code，LoC）是衡量软件项目规模最常用的概念，指所有的可执行的源代码行数，包括可交付的工作控制语言语句、数据定义、数据类型声明、等价声明、输入/输出格式声明等。可以利用三点估算法（见 3.5.2 节之 4），分别估算极好、正常和极差情况下的源代码行数（分别为 L_O、L_M 和 L_P），得到活动的期望代码行数（L_E），再转换成对应的工作量（人·月），最后乘以人·月的费用，就可以计算出活动的期望成本，并说明期望成本的不确定区间（标准差 σ）。

4. 参数估算

参数估算是指利用历史数据之间的统计关系和其他变量（如软件开发的代码行的平方英尺）来进行项目工作的成本估算。参数估算的准确性取决于参数模型的成熟度和基础数据的可靠性。参数估算可以针对整个项目或项目中的某个部分，并可与其他估算方法联合使用。

下面简单介绍两种成本估算模型，若需详细了解，请参阅相关资料。

（1）SLIM 模型

1979 年前后，Putnam 在美国计算机系统指挥中心资助下，对 50 个较大规模的软件系统花费估算进行研究，并提出 SLIM 商业化的成本估算模型，SLIM 基本估算方程（又称为动态变量模型）为

$$L = cK^{\frac{1}{3}} t_d^{\frac{4}{3}}$$

式中，L 和 t_d 分别表示可交付的源指令数和开发时间（单位为年）；K 是整个生命周期内人的工作量（单位为人·年）。c 是根据经验数据而确定的技术状态常数，表示开发技术的先进性级别。如果软件开发环境较差（没有一定的开发方法，缺少文档，采用评审或批处理方式），取 $c=6500$；如果开发环境正常（有适当的开发方法、较好的文档和评审及交互式的执行方式），$c=10000$；如果开发环境较好（自动工具和技术），则取 $c=12500$。

变换上式，可得开发工作量方程为

$$K = \frac{L^3}{c^3 t_d^4}$$

（2）COCOMO 模型

由 TRW 公司开发的结构性成本模型 COCOMO（Constructive Cost Model）是最精确、最易于使用的成本估算方法之一。该模型按其详细程度分为 3 级：基本 COCOMO 模型、中级 COCOMO 模型和高级 COCOMO 模型。基本 COCOMO 模型是一个静态单变量模型，它用一个已估算出来的源代码行数（LOC）为自变量的函数来计算软件开发工作量。中级 COCOMO 模型则在用 LOC 为自变量的函数计算软件开发工作量的基础上，再用涉及产品、硬件、人员、项目等方面属性的影响因素来调整工作量的估算。高级 COCOMO 模型包括中级 COCOMO 模型的所有特性，但用上述各种影响因素调整工作量估算时，还要考虑对项目过程中分析、设计等各步骤的影响。

COCOMO 模型的核心是方程 $ED = rS^c$ 和 $TD = a(ED)^b$ 给定的幂定律关系定义。其中 ED 为总的开发工作量（到交付为止），单位为人·月，TD 为进度，单位为月；S 为源指令数（不包括注释，但包括数据说明、公式或类似的语句）；常数 r 和 c 为校正因子；TD 为开发时间。若 S 的单位为 10^3，ED 的单位为人·月。经验常数 r、c、a 和 b 取决于项目的总体类型（结构型、半独立型或嵌入型），见表 4-1。工作量和进度的 COCOMO 模型见表 4-2。

表 4-1　　　　　　　　　　　　　　项目总体类型

特性	结构型	半独立型	嵌入型
对开发产品目标的了解	充分	很多	一般
对软件系统有关的工作经验	广泛	很多	中等
为软件一致性需要预先建立的需求	基本	很多	完全
为一致性需要的外部接口规格说明	基本	很多	完全
关联的新硬件和操作过程的并行开发	少量	中等	较高
对改进数据处理体系结构算法的要求	极少	少量	很多
早期实施费用	极少	中等	较高
产品规模（交付的源指令数）	<5 行	<30 万行	任意
实例	批数据处理；事务模块；熟悉的操作系统；编译程序；简单的编目生产控制	大型事务处理系统；新的操作系统数据管理系统；大型编目生产控制；简单的指挥系统	大而复杂的事务处理系统；大型的操作系统；宇航控制系统；大型指挥系统

表 4-2　　　　　　　　　　工作量和进度的基本 COCOMO 方程

开发类型	工作量	进度
结构型	$ED=2.4S^{1.05}$	$TD=2.5(ED)^{0.38}$
半独立型	$ED=3.0S^{1.12}$	$TD=2.5(ED)^{0.35}$
嵌入型	$ED=3.6S^{1.20}$	$TD=2.5(ED)^{0.32}$

5. 质量成本

质量对成本的影响可以用示意图 4-1 表示。质量成本由质量故障成本和质量保证成本组成。质量故障成本是指为了排除产品质量原因所产生的故障，保证产品重新恢复功能的费用；质量保证成本是指为了保证和提高产品质量而采取的技术措施所消耗的费用。质量保证成本与质量故障成本是相互矛盾的，项目产品的质量越低，由于质量不合格引起的损失就越大，即质量故障成本越高；质量越高，相应的质量保证成本也越高，故障就越少，由故障引起的损失也相应越少。因此需要建立一个动态平衡关系。

在估算活动成本时，可能要用到关于质量成本（见 5.1.2 节之 2）的各种假设。

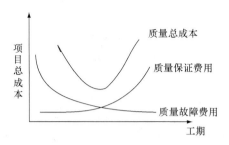

图 4-1　质量与成本的关系

6. 综合成本估算方法

这是一种自下而上的成本估算方法，即从模块开始进行估算，步骤如下。

（1）确定代码行。

首先将功能反复分解，直到可以对为实现该功能所要求的源代码行数做出可靠的估算为止。对各个子功能，根据经验数据或实践经验，可以给出极好、正常和较差 3 种情况下的源代码估算行数期望值，分别用 L_O、L_M、L_P 表示。

（2）求期望值 L_E 和偏差（标准差 σ）。

$$L_E=(L_O+4L_M+L_P)/6$$

式中，L_E 为源代码行数据的期望值，如果其概率遵从 β 分布，并假定实际的源代码行数处于 L_O、L_M、L_P 以外的概率极小，则估算的偏差 σ 取标准形式：

$$\sigma = \sqrt{\sum_{i=1}^{n}(\frac{L_P - L_0}{6})^2}$$

式中，n 表示软件功能数量。

（3）根据经验数据，确定各个子功能的代码行成本。

（4）计算各个子功能的成本和工作量，并计算任务的总成本和总工作量。

（5）计算开发时间。

（6）对结果进行分析比较。

例 4-1　下面是某个 CAD 软件包的开发成本估算。

这是一个有与各种图形外部设备（如显示终端、数字化仪和绘图仪等）的接口的微机系统，其代码行的成本估算，见表 4-3。

表 4-3　　　　　　　　　　　　　代码行的成本估算

功能	L_O	L_M	L_P	L_E	σ	元/行	行/人·月	成本（美元）	工作量（人·月）
用户接口控制	1800	2400	2650	2340	140	14	315	32634	7.4
二维几何图形分析	4100	5200	7400	5380	550	20	220	135960	30.9
三维几何图形分析	4600	6900	8600	6800	670	20	220	135960	30.9
数据结构管理	2950	3400	3600	3350	110	18	240	60048	13.9

续表

功能	L_O	L_M	L_P	L_E	σ	元/行	行/人·月	成本（美元）	工作量（人·月）
计算机图形显示	4050	4900	6200	4950	360	22	200	108900	24.7
外部设备控制	2000	2100	2450	2140	75	28	140	59584	15.2
设计分析	6600	8500	9800	8400	540	18	300	151200	28.0
总计				33360	1100			554915	151

第一步，列出开发成本表。表中的源代码行数是开发前的估算数据。观察表 4-3 的前 3 列数据（L_O、L_M、L_P）可以看出；外部设备控制功能所要求的极好与较差的估算值仅相差 450 行，而三维几何图形分析功能相差达 4000 行，这说明前者的估算把握性比较大。

第二步，求期望值和偏差值，计算结果列于表 4-3 的第 5 列和第 6 列。整个 CAD 系统的源代码行数的期望值为 33360 行，偏差为 1100。假设把极好与较差两种估算结果作为各软件功能源代码行数的上、下限，其概率为 0.99，根据标准方差的含义，可以假设 CAD 软件需要 32000～34500 行源代码的概率为 0.63，需要 26000～41000 行源代码的概率为 0.99。可以应用这些数据得到成本和工作量的变化范围，或者表明估算的冒险程度。

第三步和第四步，对各个功能使用不同的生产率数据，即元/行，行/（人·月），也可以使用平均值或经调整的平均值。这样就可以求得各个功能的成本和工作量。表 4-3 中的最后两项数据是根据源代码行数的期望值求出的结果。计算得到总的任务成本估算值为 555000（表中为 554915，此处取 555000）元，总工作量为 151（人·月）。

第五步，使用表 4-3 中的有关数据求出开发时间。假设此软件处于"正常"开发环境，即 c=10000，并将 L≈330 00，K=155 人·月≈12 人·年，代入方程：

$$t_d=(L^3/c^3 K)^{1/4}$$

则开发时间为

$$t_d=(33000^3/10000^3\times12)^{1/4}\approx 1.3（年）$$

第六步，分析 CAD 软件的估算结果。这里要强调存在标准方差 1100 行，根据表 4-3 中的源代码行估算数据，可以得到成本和开发时间偏差，它表示由于期望值之间的偏差所带来的风险。由表 4-4 可知，源代码行数在 26000～41000 之间变化（准确性概率保持在 0.99 之内）成本在 512200～807700 元之间变化。同时如果工作量为常数，则开发时间为 1.1～1.5 年。这些数值的变化范围表明了与项目有关的风险等级。由此，项目管理人员能够在早期了解风险情况，并建立对付偶然事件的计划。最后还必须通过其他方法来交叉检验这种估算方法的正确性。

表 4-4 　　　　　　　　　　　成本和开发时间偏差

	源代码（行）	成本（美元）	开发时间（年）
$-3\times\sigma$	30000	597273	1.2
期望值	33000	657000	1.3
$3\times\sigma$	36700	730664	1.4

4.2.2　成本估算表

活动成本估算表是对完成项目工作可能需要的成本的量化估算。成本估算表可以是汇总的或详细分列的。成本估算应该覆盖活动所使用的全部资源，主要包括直接人工、材料、设备、服务、设施、信息技术，以及一些特殊的成本种类，如融资成本（包括利息）、通货膨胀补贴、汇率或成本应急储备。如果间接成本也包含在项目估算中，则可在活动层次或更高层次上计列间接成本。表 4-5 是某软件开发项目的成本估算表。

表 4-5　　　　　　　　　　　某网站建设项目成本估算表

名　称	系统安装、配置	软件开发费用	总价	备注
WWW 服务				
DNS 服务				
数据库服务				
目录服务				
计费服务				
DHCP 服务				
Proxy 服务				
E-mail 服务				
软件部分总计				
培训				
维护				

成本估算所需的支持信息的数量和种类，因应用领域而异。不论其详细程度如何，支持性文件都应该清晰、完整地说明成本估算是如何得出的。

活动成本估算的支持信息可包括：

（1）关于估算依据的文件（如估算是如何编制的）；

（2）关于全部假设条件的文件；

（3）关于各种已知制约因素的文件；

（4）对估算区间的说明（如 "10000 欧元（1±10%）" 就说明了预期成本的所在区间）；

（5）对最终估算的置信水平的说明。

4.3　制定预算

制定预算是汇总所有单个活动或工作包的估算成本，建立一个经批准的成本基准的过程。过程的主要作用是：确定成本基准，并据此监督和控制项目绩效。

4.3.1 预算制定方法

1. 成本分摊

成本分摊：先把成本估算分摊到 WBS 中的工作包，再由工作包汇总至 WBS 更高层次（如控制账户），最终得出整个项目的总预算。

例 4-2 某软件项目的需求分析活动成本估算的结果是 2.4 万元，那么可以把这个总成本估算分摊到各个子活动中去，分摊到各部分的数字（单位：万元）表示为完成所有与各部分有关活动的总预算成本，如图 4-2 所示。无论是自上而下法还是自下而上法，都被用来建立每一项任务的总预算成本，所以所有活动的总预算不能超过项目总预算成本。

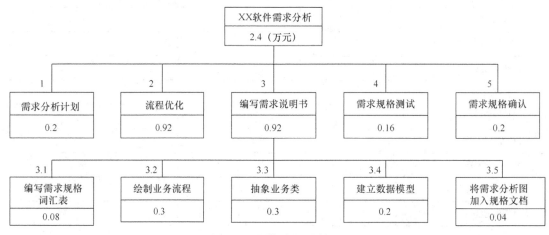

图 4-2 预算分解示例图

2. 历史关系

有关变量之间可能存在一些用于进行参数估算或类比估算的历史关系。可以基于这些历史关系，利用项目特征（参数）来建立数学模型，预测项目总成本。如果用来建立模型的历史信息准确、模型中的参数易于量化、模型可根据项目大小和项目各阶段进行调整，则模型的可靠性可以得到保证。

3. 资金限制平衡

应该根据对项目资金的任何限制，来平衡资金支出。如果发现资金限制与计划支出之间的差异，则可能需要调整工作的进度计划，以平衡资金支出水平。这可以通过在项目进度计划中添加强制日期来实现。

4. 专家判断

基于应用领域、知识领域、学科、行业或相似项目的经验，专家判断可对制定预算提供帮助。

4.3.2 成本基准

成本基准是经过批准的、按时间段分配的项目预算，不包括任何管理储备，只有通过正式的变更控制程序才能变更，用作与实际结果进行比较的依据。成本基准是不同进度活动经批准的预算的总和。

项目预算和成本基准的各个组成部分，如图 4-3 所示。先汇总各项目活动的成本估算及其应急储备，得到相关工作包的成本。然后汇总各工作包的成本估算及其应急储备，得到控制账户的成本。再汇总各控制账户的成本，得到成本基准。由于成本基准中的成本估算与进度活动直接关联，因此就可按时间段分配成本基准，得到一条 S 曲线，如图 4-4 所示。

最后，在成本基准之上增加管理储备，得到项目预算。当出现有必要动用管理储备的变更时，则应该在获得变更控制过程的批准之后，把适量的管理储备移入成本基准中。

图 4-3　项目预算的组成

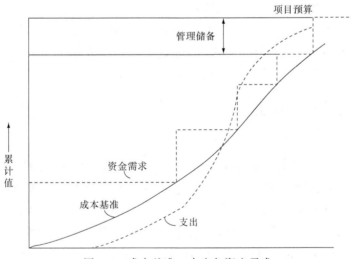

图 4-4　成本基准、支出与资金需求

4.3.3　项目资金需求

根据成本基准，确定总资金需求和阶段性（如季度或年度）资金需求。成本基准中既包括预计的支出，也包括预计的债务。项目资金通常以增量而非连续的方式投入，并且可能是非均衡的，呈现出图 4-3 所示的阶梯状。如果有管理储备，则总资金需求等于成本基准加管理储备。在资金需求文件中，也可说明资金来源。

4.4　成本控制

控制成本是监督项目状态，以更新项目成本，管理成本基准变更的过程。本过程的主要作用是：发现实际与计划的差异，以便采取纠正措施，降低风险。

要更新预算，就需要了解截至目前的实际成本。只有经过项目整体变更控制过程的批准，才可以增加预算。只监督资金的支出，而不考虑由这些支出所完成的工作的价值，这对项目没有什么意义，最多只能使项目团队不超出资金限额。所以在成本控制中，应重点分析项目资金支出与相应完成的实际工作之间的关系。有效成本控制的关键在于，对经批准的成本基准及其变更进行管理。

项目成本控制包括如下方面。

（1）对造成成本基准变更的因素施加影响。

（2）确保所有变更请求都得到及时处理。

（3）当变更实际发生时，管理这些变更。

（4）确保成本支出不超过批准的资金限额，既不超出按时段、按 WBS 组件、按活动分配的限额，也不超出项目总限额。

（5）监督成本绩效，找出并分析与成本基准间的偏差。

（6）对照资金支出，监督工作绩效。

（7）防止在成本或资源使用报告中出现未经批准的变更。

（8）向有关干系人报告所有经批准的变更及其相关成本。

（9）设法把预期的成本超支控制在可接受的范围内。

4.4.1　成本控制方法

1. 挣值管理

挣值管理（Earned Value Management，EVM）是把范围、进度和资源绩效综合起来考虑，以评估项目绩效和进展的方法。它是一种常用的项目绩效测量方法，它把范围基准、成本基准和进度基准整合起来，形成绩效基准，以便项目管理团队评估和测量项目绩效和进展。作为一种项目管理技术，挣值管理要求建立整合基准，用于测量项目期间的绩效。EVM 的原理适用于所有行业的所有项目。它针对每个工作包和控制账户，计算并监测以下三个关键指标。

（1）计划价值。计划价值（Planned Value，PV）是为计划工作分配的经批准的预算。它是为完成某活动或工作分解结构组件而准备的一份经批准的预算，不包括管理储备。应该把该预算分配至项目生命周期的各个阶段。在某个给定的时间点，计划价值代表着应该已经完成的工作。PV 的总和有时被称为绩效测量基准（Performance Measurement Baseline，PMB），项目的总计划价值又被称为完工预算（Budget at Completion，BAC）。

（2）挣值。挣值（Earned Value，EV）是对已完成工作的测量值，用分配给该工作的预算来表示。它是已完成工作的经批准的预算。EV 的计算应该与 PMB 相对应，且所得的 EV 值不得大于相应组件的 PV 总预算。EV 常用于计算项目的完成百分比。应该为每个 WBS 组件规定进展测量准则，用于考核正在实施的工作。项目经理既要监测 EV 的增量，以判断当前的状态，又要监测 EV 的累计值，以判断长期的绩效趋势。

（3）实际成本。实际成本（Actual Cost，AC）是在给定时段内，执行某工作而实际发生的成本，是为完成与 EV 相对应的工作而发生的总成本。AC 的计算口径必须与 PV 和 EV 的计算口径保持一致（例如，都只计算直接小时数，都只计算直接成本，或都计算包含间接成本在内的全部成本）。AC 没有上限，为实现 EV 所花费的任何成本都要计算进去。

EVM 也应该监测实际绩效与基准之间的偏差。

（1）成本偏差。成本偏差（Cost Variance，CV）是在某个给定时点的预算亏空或盈余量，它是测量项目成本绩效的一种指标，等于挣值（EV）减去实际成本（AC）。项目结束时的成本偏差，就是完工预算（BAC）与实际成本之间的差值。由于成本偏差指明了实际绩效与成本支出之间的关系，所以非常重要。负的 CV 一般都是不可挽回的。公式：CV=EV-AC。还可以把 SV 和 CV 转化为效率指标，以便把项目的成本和进度绩效与任何其他项目做比较，或在同一项目组合内的各项目之间做比较。可以通过偏差来确定项目状态。

（2）成本绩效指数。成本绩效指数（Cost Performance Index，CPI）是测量预算资源的成本效率的一种指标，表示为挣值与实际成本之比。它是最关键的 EVM 指标，用来测量已完成工作的成本效率。当 CPI 小于 1.0 时，说明已完成工作的成本超支；当 CPI 大于 1.0 时，则说明到目前为止成本有结余。该指标对于判断项目状态很有帮助，并可为预测项目成本和进度的最终结果提供依据。公式：CPI=EV/AC。

对计划价值、挣值和实际成本这三个参数，既可以分阶段（通常以周或月为单位）进行监测和报告，也可以针对累计值进行监测和报告。图 4-5 以 S 曲线展示某个项目的 EV 数据，该项目预算超支且进度落后。挣值管理各术语解释和使用方法见表 4-6。

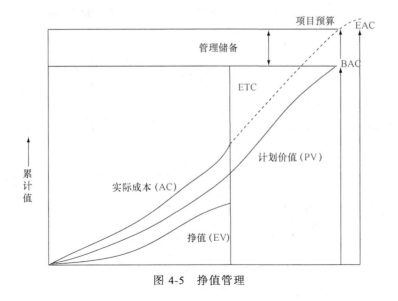

图 4-5　挣值管理

表 4-6　　　　　　　　　　　　　　　挣值术语表

缩写	名称	术语词典定义	如何使用	公式	对结果的解释
PV	计划价值	为计划工作分配的预算	在某一时点上，通常为数据日期或项目完工日期，计划完成工作的价值		
EV	挣值	对已完成工作的测量，用该工作的批准预算来表示	在某一时点上，通常为数据日期，全部完成工作的计划价值，与实际成本无关	挣值=完成工作的计划价值之和	
AC	实际成本	在给定的时间段内，因执行项目活动而实际发生的成本	在某一时点上，通常为数据日期，全部完成工作的实际成本		
BAC	完成预算	为将要执行的工作所建立的全部预算的总和	全部计划工作的价值，项目的成本基准		
CV	成本偏差	在某个给定时间点，预算亏空或盈余量，表示为挣值与实际成本之差	在某一时点上，通常为数据日期，完成工作的价值与同一时点上实际成本之间的差异	CV=EV-AC	>0 表示在计划成本之内； 0 表示与计划成本持平； <0 表示落后于进度计划
SV	进度偏差	在给定的时间点上，项目进度提前或落后的情况，表示为挣值与计划进度之差	在某一时间点上，通常为数据日期，完成工作的价值与同一时间点上实际成本之间的差异	SV=EV-PV	>0 表示在计划成本之内； 0 表示在进度计划上； <0 表示落后于进度计划
VAC	完工偏差	对预算亏空量或盈余量的一种预测，是完工预算与完工估算之差	项目完工成本的估算差异	VAC=BAC-EAC	>0 表示在计划成本之内； 0 表示与计划成本持平； <0 表示超过计划成本
CPI	成本绩效指数	度量预算资源的成本效率的一种指标，表示为挣值与实际成本之比	CPI 等于 1.0 说明项目完全按预算进行，到目前为止完成的工作的成本与预计使用的成本一样。其他数值则表示已完工作的成本高于或低于预算的百分比	CPI=EV/AC	>1 表示在计划成本之内； =1 表示与计划成本持平； <1 表示超过计划成本
SPI	进度绩效指数	测量进度效率的一种指标，表示为挣值与计划价值之比	SPI 等于 1.0 说明项目完全按照进度计划执行，到目前为止，已完成工作与计划完成的工作完全一致。其他数值则表示已完工作落后或提前于计划工作的百分比	SPI=EV/PV	>1 表示提前于进度计划； =1 表示在进度计划内； <1 表示落后于进度计划

缩写	名称	术语词典定义	如何使用	公式	对结果的解释
EAC	完工成本估算	完成所有工作所需的预期总成本，等于截至目前的实际成本加上完工尚需估算	如果预计剩余工作的 CPI 与当前的一致，则使用这个公式（1）计算 EAC； 如果剩余工作将以计划效率完成，则使用公式（2）； 如果原计划不再有效，则使用公式（3）； 如果 CPI 和 SPI 同时影响剩余工作，则使用公式（4）	（1）EAC=BAC/CPI； （2）EAC=AC+BAC-EV； （3）EAC=AC+自上而下估算的 ETC； （4）EAC=AC+[（BAC-EV）/（CPI×SPI）]	
ETC	完工尚需成本估算	完成所有剩余项目工作的预计成本	假设工作正按计划执行，则使用公式（1）计算完成剩余工作所需的成本； 对剩余工作进行自下而上重新估算，则使用公式（2）	（1）ETC=EAC-AC； （2）ETC=再估值	
TCPI	完工尚需绩效指数	为了实现特定的管理目标，剩余资源的使用必须达到的成本绩效指标，是完成剩余工作所需的成本与剩余预算之比	为了按计划完成，必须维持的绩效，则使用公式（1）； 为了实现当前的完工估算（EAC），必须维持的效率，则使用公式（2）	（1）TCPI=（BAC-EV）/（BAC-AC）； （2）TCPI=（BAC-EV）/（EAC-AC）	>1 表示很难完成； =1 表示正好完成； <1 表示很容易完成

2. 预测

随着项目进展，项目团队可根据项目绩效，对完工成本估算（Cost Estimate at Completion，EAC）进行预测，预测的结果可能与完工成本预算（BAC）存在差异。如果 BAC 已明显不再可行，则项目经理应考虑对 EAC 进行预测。预测 EAC 是根据当前掌握的绩效信息和其他知识，预计项目未来的情况和事件。预测要根据项目执行过程中所提供的工作绩效数据来产生、更新和重新发布。工作绩效信息包含项目过去的绩效，以及可能在未来对项目产生影响的任何信息。

在计算 EAC 时，通常用已完成工作的实际成本，加上剩余工作的完工尚需估算（Estimate To Complete，ETC）。项目团队要根据已有的经验，考虑实施 ETC 工作可能遇到的各种情况。把 EVM 方法与手工预测 EAC 方法联合起来使用，效果更佳。由项目经理和项目团队手工进行的自下而上汇总方法，就是一种最普通的 EAC 预测方法。

项目经理所进行的自下而上的 EAC 估算，就是以已完成工作的实际成本为基础，并根据已积累的经验来为剩余项目工作编制一个新估算。公式：EAC=AC+自下而上的 ETC。

可以很方便地把项目经理手工估算的 EAC 与计算得出的一系列 EAC 做比较，这些计算得出的 EAC 代表了不同的风险情景。在计算 EAC 值时，经常会使用累计 CPI 和累计 SPI 值。尽管可以用许多方法来计算基于 EVM 数据的 EAC 值，但下面只介绍最常用的三种方法。

假设将按预算单价完成 ETC 工作。这种方法承认以实际成本表示的累计实际项目绩效（不论好坏），并预计未来的全部 ETC 工作都将按预算单价完成。如果目前的实际绩效不好，则只有在进行项目风险分析并取得有力证据后，才能做出"未来绩效将会改进"的假设。公式：EAC=AC+（BAC–EV）。

假设以当前 CPI 完成 ETC 工作。这种方法假设项目将按截至目前的情况继续进行，即 ETC 工作将按项目截至目前的累计成本绩效指数（CPI）实施。公式：EAC=BAC/CPI。

假设 SPI 与 CPI 将同时影响 ETC 工作。在这种预测中，需要计算一个由成本绩效指数与进度绩效指数综合决定的效率指标，并假设 ETC 工作将按该效率指标完成。如果项目进度对 ETC 有重要影响，这种方法最有效。使用这种方法时，还可以根据项目经理的判断，分别给 CPI 和 SPI 赋予不同的权重，如 80/20、50/50 或其他比率。公式：EAC=AC+[（BAC–EV）/（CPI × SPI）]。

上述三种方法都可用于任何项目。如果预测的 EAC 值不在可接受范围内，就是给项目管理团队发出了预警信号。

3. 完工尚需绩效指数

完工尚需绩效指数（To Complete Performance Index，TCPI）是一种为了实现特定的管理目标，剩余资源的使用必须达到的成本绩效指标，是完成剩余工作所需的成本与剩余预算之比。TCPI 是指为了实现具体的管理目标（如 BAC 或 EAC），剩余工作的实施必须达到的成本绩效指标。如果 BAC 已明显不再可行，则项目经理应考虑使用 EAC 进行 TCPI 计算。经过批准后，就用 EAC 取代 BAC。基于 BAC 的 TCPI 公式：TCPI=（BAC–EV）/（BAC–AC）。

TCPI 的概念可用图 4-5 表示。其计算公式在图的左下角，用剩余工作（BAC 减去 EV）除以剩余资金（可以是 BAC 减去 AC，或 EAC 减去 AC）。

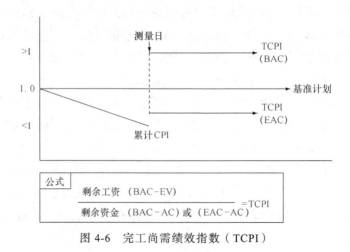

图 4-6　完工尚需绩效指数（TCPI）

如果累计 CPI 低于基准（如图 4-6 所示），那么项目的全部剩余工作都应立即按 TCPI（BAC）（图 4-6 中最高的那条线）执行，才能确保实际总成本不超过批准的 BAC。至于所要求的这种绩效水平是否可行，就需要综合考虑多种因素（包括风险、进度和技术绩效）后才能判断。如果不可行，就需要把项目未来所需的绩效水平调整为如 TCPI（EAC）线所示。

4.4.2 成本控制结果

1. 工作绩效信息

WBS 各组件（尤其是工作包和控制账户）的 CV，SV，CPI，SPI，TCPI 和 VAC 值，都需要记录下来，并传达给干系人。

2. 成本预测

无论是计算得出的 EAC（完工成本估计）值，还是自下而上估算的 EAC 值，都需要记录下来，并传达给干系人。

3. 变更请求

分析项目绩效后，可能会就成本基准或项目管理计划的其他组成部分提出变更请求。变更请求可以包括预防或纠正措施，变更请求需经过项目整体变更控制的审查和处理。

4. 经验教训

成本控制中涉及的各种情况，例如，导致费用变化的各种原因，各种纠正措施等，对以后的项目实施与执行是一个非常好的案例，应该以文档的形式保存下来，供以后参考。

4.5 案例研究

案例一 IT 公司不可小视的人力成本

浙大网新是中国名列前茅的 IT 服务提供商和服务外包商，浙大网新执行总裁钟明博曾经表示，目前国内软件外包企业面临最大的问题是人力资源成本上升过快，每年可以达到 10%～15% 的上升速度。钟明博还指出了当前中国 IT 公司面临的一些问题，这些问题和成本管理有着直接和间接的关系。

（一）中国的外包公司长期以来在面向日本市场的时候，没有接触最终用户，是通过日本顶级的 IT 厂商、IT 服务商来承接第二包的业务，现在有了一些变化，日本的最终用户开始寻求直接向中国的外包厂商发包，排在日本顶级的前五名的 IT 企业，指富士通、NEC、日立、日本的 IBM 和日本 HP，这几个企业加起来占据了日本的半壁江山，这几家市场在扩大面向中国的发包量，其次他们在大力地加强自己在中国的力量，把更多的发包业务集中到自己的子公司，这样对独立的中国的软件外包企业，其实对它的成长空间带来了挤压。

（二）国内 IT 公司商务环境应该说目前是趋于恶化的，首先这几年物价的上涨带来商务成本的提升，无论是房租还是日常生活的成本都在上升，经济增速下滑，还有房地产的调控，使得地方政府的财政状况不如以前，这样在很多地方这种对软件行业扶持的政策落实上现在出现了一些问题，税收减少也带来了对软件行业的税收政策优惠方面的具体落实也带来了一些问题，其他还有一些问题，比如人民币汇率的上升，客观上使得整个行业的运营成本提高，还有社保的问题。大家都知道，IT 行业主要的资本是人力资源，在中国社保占企业支出的比例是远远大于国际上的一些竞争对手，比如说印度企业的，这个对于一些小公司可能还能打擦边球，通过调低一些社保基数做控制成本的举动。虽然来自国内的市场需求在迅速地增加，比如以金融、通信、电商、航空旅游和医疗健康这些行业为代表的国内市场的需求，但是中国国内 IT 市场价格的竞争是非常激烈的，资金回收的周期也比较长，商业信誉的问题也存在。

（三）IT 行业内部最大的问题就是人力资源成本上升的问题。以浙大网新为例，人力成本以每年 10%～15%的速度在上升，该公司承接的来自日本、美国的离岸业务市场报价，在过去的 20 年里几乎没有变化，但这 20 年来人力工资上升的速度越来越快，就是这种价格和这种成本已经使得做离岸外包业务的中国公司的利润空间受到极大的挤压，而跟这个问题相匹配的另一个问题也出现了，85 后、甚至 90 后的员工开始进入这个行业，过去十年我国软件行业的高速发展其实是以牺牲了一代人的健康，有一代人为了公司牺牲自己的个人时间，去拼命地加班，拼命地工作，是以牺牲这个为代价换来的，但是新一代员工的价值观、生活观发生了很大的变化，不会再像原来的员工那样拼命地加班，他们要追求个人的价值和自己的生活体验，这样就使得现在这些软件外包公司不得不重新思考自己的管理模式和业务模式。

（四）服务外包行业核心的竞争还是成本的竞争，所以所有的创新几乎都离不开成本控制，但是控制成本首先控制什么？外包公司最大的成本是人力资源的成本，要控制人力资源的成本，不是简单地降低工资，而是提供具有吸引力的薪酬，组织一个合理的人力资源的架构，合理的人才配置。一个最关键的问题就是离职率的问题，因为一个工程师的成长是有周期的，企业培养一个人要花大量的时间成本和金钱成本，降低离职率是最有效的控制人力资源成本的方法。浙大网新为了降低离职率做了不少努力，比如探索与一些地方政府合作，为员工提供一个安居乐业的环境，使员工能够安心舒适地工作。

（五）IT 外包公司流程管理也是成本控制非常重要的手段，通过流程管理，来提高生产效率，客观上达到降低成本的目的。另外，优化组织内部结构也可以有效控制成本，以浙大网新为例，该公司进行了内部的垂直分工，比如咨询和设计工作放在北京、上海、杭州，把详细设计、编程到单体测试这些相对低端的工作转移到二三线城市，通过集团内部的垂直产业分工，来实现控制成本的目的。除了差异化之外，浙大网新也在考虑多元化，首先是市场的多元化，该公司多年来一直坚持美国、日本和国内市场三分天下，一直在三个市场搞平衡发展，另外，也追求离岸业务和在岸业务的均衡发展。中国绝大多数外包公司可能大家都比较注重离岸，因为离岸价格差比较大，容易产生利润，但是单纯的做离岸成本，带来很大的问题就是你的前端的业务和后端的业务很难拿到离岸来做。另外一个就是很难更迅速、更准确地把握客户的需求，很难接到一些有更大金额、质量更高的项目，所以，浙大网新坚持在岸业务和离岸业务的要均衡发展，为此该公司在日本和美国，也都各建立了超过 100 人的团队，并在未来几年里团队能够迅速扩大。

【案例问题】

1. 针对浙大网新所面临的成本问题，你有何感想？
2. 分析人力成本管理对于软件（外包）企业的重要性。
3. （外包）软件项目开发中，如果有效进行成本控制？

案例二　TCL 项目研发的成本控制经验

TCL 集团有限公司创立于 1981 年，是广东省最大的工业制造企业之一和最有价值品牌之一。TCL 的发展不仅有赖于敏锐的观察力和强劲的研发力、生成力、销售力，还得益于对项目研发成本的有效控制和管理，使产品一进入市场便以优越的性能价格比迅速占领市场，实现经济效益的稳步提高。

很多产品在设计阶段就注定其未来制造成本会高过市场价格。只要提起成本控制，很多人便产生加强生产的现场管理、降低物耗、提高生产效率的联想，而人们往往忽略了一个问题：成本在广义上包含了设计（研发）成本、制造成本、销售成本三大部分，也就是说，很多人在成本控制方面往往只关注制造成本、销售成本等方面的控制。如果将目光放得更前一点，以研发过程的成本控制作为整个项目成本控制的起点，才是产品控制成本的关键。

我们知道，一个产品的生命周期包含了产品成长期、成熟期、衰退期几个阶段，这些阶段的成本控制管理重点是不同的，即设计成本、生产成本、销售服务成本。实际上，产品研发和设计是生产、销售的源头所在，一个产品的目标成本其实在设计成功后就已经基本成型，作为后期的产品生产等制造工序（实际制造成本）来说，其最大的可控度只能是降低生产过程中的损耗及提高装配加工效率（降低制造费用）。有一个观点是被普遍认同的，即产品成本的 80%是约束性成本，并且在产品的设计阶段就已经确定。也就是说，一个产品一旦完成研发，其目标材料成本、目标人工成本便已基本定性，制造中心很难改变设计留下的先天不足。有很多产品在设计阶段，就注定其未来的制造成本会高过市场价格。目标价格-目标利润=目标成本，研发成本必须小于目标成本。针对如何保证设计的产品在给定的市场价格、销售量、功能的条件下取得可以接受的利润水平，TCL 在产品设计开发阶段引进了目标成本和研发成本的控制。

目标成本的计算又称为"由价格引导的成本计算"，它与传统的"由成本引导的价格计算"（即由成本加成计算价格）相对应。产品价格通常需要综合考虑多种因素影响，包括产品的功能、性质及市场竞争力。一旦确定了产品的目标，包括价格、功能、质量等，设计人员将以目标价格扣除目标利润得出目标成本。目标成本就是在设计、生产阶段关注的中心，也是设计工作的动因，同时也为产品及工序的设计指明了方向和提供了衡量的标准。在产品和工序的设计阶段，设计人员应该使用目标成本的计算来推动设计方案的改进工作，以降低产品未来的制造成本。

1. 研发（设计）过程中的三大误区

（1）过于关注产品性能，忽略了产品的经济性（成本）。设计工程师有一个通病：他们往往仅仅是为了产品的性能而设计产品。也许是由于职业上的习惯，设计师经常容易将其所负责的产品项目作为一件艺术品或者科技品来进行开发，这就容易陷入对产品的性能、外观追求尽善尽美，却忽略了许多部件在生产过程中的成本，没有充分考虑到产品在市场上的价格性能比和受欢迎的程度。实践证明，在市场上功能最齐全、性能最好的产品往往并不一定就是最畅销的产品，因为它必然也会受到价格及顾客认知水平等因素的制约。

（2）关注表面成本，忽略隐含（沉没）成本。该公司有一个下属企业曾经推出一款新品，该新品总共用了 12 枚螺钉进行外壳固定，而同行的竞争对手仅仅用了 3 枚螺钉就达到了相同的外壳固定的目的！当然，单从单位产品 9 枚螺钉的价值来说，最多也只不过是几毛钱的差异，但是一旦进行批量生产后就会发现，由于多了这 9 枚螺钉而相应增加的采购成本、材料成本、仓储成本、装配（人工）成本、装运成本和资金成本等相关的成本支出便不期而至，虽然仅仅是比竞争对手多了 9 枚螺钉，但是其所带来的隐含（沉没）成本将是十分巨大的。

（3）急于新品开发，忽略了其原产品替代功能的再设计。一些产品之所以昂贵，往往是由于设计得不合理，在没有作业成本引导的产品设计中，工程师们往往忽略了许多部件及产品的多样性和复杂的生产过程的成本。而这往往可以通过对产品的再设计来达到进一步削减成本的目的，但是很多时候，研发部门开发完一款新品后，往往都会急于将精力投放到其他正在开发的新品上，以求加快新品的推出速度。

2. 在研发（设计）过程中，成本控制的三个原则

（1）以目标成本作为衡量的原则。目标成本一直是 TCL 关注的中心，通过目标成本的计算有利于在研发设计中关注同一个目标：将符合目标功能、目标品质和目标价格的产品投放到特定的市场。因此，在产品及工艺的设计过程中，当设计方案的取舍会对产品成本产生巨大的影响时，就采用目标成本作为衡量的标准。在目标成本计算的问题上，没有任何协商的可能。没有达到目标成本的产品是不会也不应该被投入生产的。目标成本最终反映了顾客的需求，以及资金供给者对投资合理收益的期望。因此，客观上存在的设计开发压力，迫使开发人员必须去寻求和使用有助于他们达到目标成本的方法。

（2）剔除不能带来市场价格却增加产品成本的功能。顾客购买产品，最关心的是"性能价格比"，也就是产品功能与顾客认可价格的比值。任何给定的产品都会有多种功能，而每一种功能的增加都会使产品的价格产生一个增量，当然也会给成本方面带来一定的增量。虽然企业可以自由地选择所提供的功能，但是市场和顾客会选择价格能够反映功能的产品。因此，如果顾客认为设计人员所设计的产品功能毫无价值，或

者认为此功能的价值低于价格所体现的价值，则这种设计成本的增加即是没有价值或者说是不经济的，顾客不会为他们认为毫无价值或者与产品价格不匹配的功能支付任何费用。因此，在产品的设计过程中，需要把握的一个非常重要的原则就是：剔除那些不能带来市场价格却又增加产品成本的功能，因为顾客不认可这些功能。

（3）从全方位来考虑成本的下降与控制。作为一个新项目的开发，TCL 认为应该组织相关部门人员参与（起码应该考虑将采购、生产、工艺等相关部门纳入项目开发设计小组），这样有利于大家集中精力从全局的角度去考虑成本的控制。正如前面所提到的问题，研发设计人员往往容易陷入过于重视表面成本而忽略隐含成本的误区。有了采购人员、工艺人员、生产人员的参与，可以基本上杜绝为了降低某项成本而引发的其他相关成本的增加这种现象的存在。因为在这种内部环境下，不允许个别部门强调某项功能的固定，而是必须从全局出发来考虑成本的控制问题。

3. 在设计阶段降低成本的四大措施

一般情况下，根据大型跨国企业的基本经验，在设计开发阶段通常采取下述步骤对成本进行分析和控制。

（1）价值工程分析。价值工程分析的目的是分析是否有可以提高产品价值的替代方案。我们定义产品价值是产品的功能与成本的比值，也即是性能价格比。因此有两种方法提高产品的价值：一是维持产品的功能不变、降低成本；二是维持产品的成本不变、增加功能。价值工程的分析从总体上观察成本的构成，包括原材料制造过程、劳动力类型、使用的装备及外购与自产零部件之间的平衡。价值工程按照两种方式实现，来预先设定目标成本。

（2）工程再造。在产品设计之外，还有一个因素对于产品成本和质量有决定性的作用，这就是工序设计。工程再造就是对已经设计完成或已经存在的加工过程进行再设计，从而直接消除无附加值的作业，同时提高装配过程中有附加值作业的效率，降低制造成本。对新产品来说，如果能在进入批量生产阶段对该产品的初次设计进行重新审视，往往会发现，在初次设计过程中，存在一些比较昂贵的复杂部件及独特或者比较繁杂的生产过程，然而他们很少增加产品的绩效和功能，可以被删除或修改。因此，重视产品及其替代功能的再设计，不但具有很大的空间，而且经常不会被顾客发现，如果设计成功，公司也不必进行重新定价或替代其他产品。

（3）加强新产品开发成本分析，达到成本与性能的最佳结合点。加强性能成本比的分析，性能成本比也就是目标性能跟目标成本之间的比值，通过该指标的分析可以看出，新开发出来的产品是否符合原先设定的目标成本、目标功能和目标性能等相关目标。假如实际的成本性能比高于目标的成本性能比，在设计成本与目标成本相一致的前提下，说明新产品设计的性能高于目标性能，但从另一方面来说还可以通过将新产品的性能调整到目标性能相符来达到降低和削减成本的目的。

（4）考虑扩展成本：在开发设计某项新品时，除了应该考虑材料成本外，还得更深远地考虑到，该项材料的应用是否会导致其他方面的成本增加。比如说，所用的材料是否易于采购、便于仓储、装配和装运。事实上，研发（设计）人员在设计某项新产品时，如缺少全面的考虑，往往不得不在整改过程中临时增加某些物料或增加装配难度来解决它所存在的某些缺陷。而这些临时增加的物料不仅会增加材料成本，还会增加生产过程中的装配复杂度，因而间接影响到批量生产的效率，而且这也容易造成相关材料、辅料等物耗的大幅上升，而这些沉没的成本往往远大于其表面的成本。

（5）减少设计交付生产前需要被修改的次数。设计交付生产（正常量产）前需要被修改的次数（甚至细微修改），这是核算新产品开发成本投入的一个指标。很多事实显示，许多时候新产品往往要费很长时间才能批量投入市场，最大的原因是因为产品不能一次性达到设计要求，通常需要被重新设计并重新测试好多次。假定一个公司估计每个设计错误的成本是1500元，如果从新产品开发设计到生产前，每个新产品平均需要被修改的次数为5次，每年引进开发15个新项目，则其错误成本为112500元。有这个简单的算术就可以看出，在交付正常批量生产的过程中，每一点错误（每次修改）都势必给公司带来一定的损失（物料、人工、效率的浪费等）。而为减少错误而重新设计产品的时间延误将会使产品较晚打入市场，坐失良机而损失的销售额更是令人痛心的。因此，研发设计人员的开发设计，在不影响成本、性能的情况下，应尽量提高一次设计的成功率。

【案例问题】

1. TCL认为项目的成本控制的关键是什么？
2. 目标成本和研发成本的含义是什么？引入目标成本的意义是什么？
3. TCL在研发过程中的成本控制采用哪些原则？
4. 在降低成本方面TCL采取了哪些措施？
5. 从本案例中你获得了哪些启发？

习题与实践

一、习题

1. 影响软件开发成本的因素有哪些？
2. 软件项目成本估算有哪些方法，比较各方法的适应范围及特点。
3. 简述类比估算法的好处。
4. 在估算软件项目成本时应注意哪些问题？
5. 如何用挣值分析法来控制项目的成本和进度？
6. 成本的估算和预算有什么区别？
7. 简述成本控制的原则和依据。

二、实践

利用Project软件，完成以下任务：

（1）创建资源工作表（人力、设备、材料），为资源添加备注，说明每个组员在组内的分工。

（2）为资源分配费率（应采用多套费率、生效日期、标准费率、加班费率、每次使用成本）和成本，然后自定义资源排序方式。

（3）给任务分配资源。

（4）审阅项目成本（每项任务的成本和每项资源的成本），设置成本的累算方式（开始、按比例、结束）。

（5）对项目分别按工时、成本、资源类型等进行排序。

（6）预览、工作分配报表、现金流量报表。

第5章
质量管理

项目质量管理包括执行组织确定的质量政策、目标与职责的各过程和活动，从而使项目满足其预定的需求。项目质量管理在实施组织的质量管理体系的同时，适当支持持续的过程改进活动，以确保项目需求和产品需求得到满足和确认。

项目质量管理需要兼顾项目管理与项目可交付成果质量管理两个方面。它适用于所有项目，无论项目的可交付成果具有何种特性。质量的测量方法和技术则根据项目所产生的可交付成果类型而定。例如，对于软件项目的可交付成果，各种测试技术是测量和提高质量的有效方法。无论什么项目，只要未达到质量要求，都会给某个或全部项目干系人带来严重的负面后果，例如：为满足客户要求而让项目团队超负荷工作，就可能导致利润下降、项目风险增加；为满足项目进度目标而仓促完成预定的质量检查，就可能造成检验疏漏以及后续维护成本的增加。

在与 ISO 保持兼容性的前提下，现代质量管理方法力求缩小差异，交付满足既定要求的成果。现代质量管理方法承认以下几方面的重要性。

（1）客户满意。了解、评估、定义和管理要求，以便满足客户的期望。这就需要把"符合要求"（确保项目产出预定的成果）和"适合使用"（产品或服务必须满足实际需求）结合起来。

（2）预防胜于检查。预防错误的成本通常远低于在检查或使用中发现并纠正错误的成本。

（3）持续改进。由休哈特提出并经戴明完善的计划—实施—检查—改进（Plan-Do-Check-Act，PDCA）循环是质量改进的基础。另外，诸如全面质量管理（Total Quality Management，TQM）、六西格玛和精益六西格玛等质量管理举措，也可以改进项目的管理质量及项目的产品质量。常用的过程改进模型包括马尔科姆·波多里奇模型和能力成熟度集成模型（Capability Maturity Model Integration，CMMI）。

（4）管理层的责任。项目的成功需要项目团队全体成员的参与。然而，管理层在其质量职责内，肩负着为项目提供具有足够能力的资源的相应责任。

（5）质量成本（Cost of Quality，COQ）。质量成本是指一致性工作和非一致性工作的总成本。一致性工作是为预防工作出错而做的附加努力，非一致性工作是为纠正已经出现的错误而做的附加努力。质量工作的成本在可交付成果的整个生命周期中都可能发生。

5.1　质量管理规划

质量管理规划是识别项目及其可交付成果的质量要求或标准，并书面描述项目将如何证明符合质量要求的过程。本过程的主要作用是：为整个项目中如何管理和确认质量提供了指南和方向。

5.1.1　软件质量

1. 软件质量定义

20 世纪 90 年代，Norman、Robin 等将软件质量定义为：表征软件产品满足明确的和隐含的需求的能力的特性或特征的集合。

1994 年，国际标准化组织公布的国际标准 ISO 8042 综合将软件质量定义为：反应实体满足明确的和隐含的需求的能力的特性的总和。

GB/T 11457-2006《软件工程术语》中定义软件质量为：

（1）软件产品中能满足给定需要的性质和特性的总体。

（2）软件具有所期望的各种属性的组合程度。

（3）顾客和用户觉得软件满足其综合期望的程度。

（4）确定软件在使用中将满足顾客预期要求的程度。

2. 软件质量要素

影响软件质量的主要因素，这些因素是从管理角度对软件质量的度量。McCall 等人 1979 年提出的质量要素模型得到普遍认可，该模型把影响软件质量的因素划分为三组，如图 5-1 分别反映用户在使用软件产品时的三种观点：正确性、健壮性、效率、完整性、可用性、安全性（产品运行）；可理解性、可维修性、灵活性、可测试性（产品修改）；可移植性、可重用性、互运行性（产品转移）。

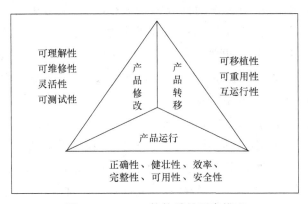

图 5-1　McCall 软件质量要素模型

其中：

- 正确性。系统满足规格说明和用户的程度，即在预定环境下能正确地完成预期功能的程度。

- 健壮性。在硬件发生故障、输入的数据无效或操作错误等意外环境下，系统能够做出适当响应的程度。

- 效率。为了完成预定的功能，系统需要的计算资源的多少。

- 完整性。系统完成用户全部功能要求的程度。

- 可用性。用户能否用产品完成他的任务，令人满意的程度，

- 安全性。系统向合法用户提供服务的同时能够阻止非授权用户使用的企图或者拒绝服务的能力。

- 可理解性。理解和使用该系统的难易程度。

- 可维修性。诊断和改正在运行现场发生的错误所需要的概率。

- 灵活性。修改或改正在运行的系统需要的工作量的多少。

- 可测试性。软件容易测试的程度。

- 可移植性。把程序从一种硬件配置或软件环境转移到另一种硬件配置或软件环境时，需要的工作量的多少。

- 可重用性。在其他应用中该程序可以被再次使用的程度（或范围）。

- 互运行性。把该系统和另外一个系统结合起来的工作量的多少。

3. 软件质量标准

软件项目常见遵循的质量标准体系有以下两种。

（1）CMM/CMMI

CMM/CMMI（Capability Maturity Model / Capability Maturity Model Integration），即能力成熟度模型/能力成熟度模型集成，其思想来源于已有多年历史的产品质量管理和全面质量管理，即只要不断地对企业的软件工程过程的基础结构和实践进行管理和改进，就可以克服软件生产中的困难，增强开发制造能力，从而能按时地、不超预算地制造出高质量的软件。CMM 模型基于众多软件专家的实践经验，是组织进行软件过程改善和软件过程评估的一个有效的指导框架。CMMI 项目更为工业界和政府部门提供了一个集成的产品集，其主要目的是消除不同模型之间的不一致和重复，降低基于模型改善的成本。CMMI 将以更加系统和一致的框架来指导组织改善软件过程，提高产品和服务的开发、获取和维护能力。CMM 或 CMMI 不仅是一个模型，一个工具，它更代表了一种管理哲学在软件工业中的应用。

CMM/CMMI 主要应用在两大方面：能力评估和过程改进。

能力评估：CMM/CMMI 是基于政府评估软件承包商的软件能力发展而来的，有两种通用的评估方法用以评估组织软件过程的成熟度：软件过程评估和软件能力评价。

- 软件过程评估：用于确定一个组织当前的软件工程过程状态及组织所面临的软件过程的优先改善问题，为组织领导层提供报告以获得组织对软件过程改善的支持。软件过程评估集中关注组织自身的软件过程，在一种合作的、开放的环境中进行。评

估的成功取决于管理者和专业人员对组织软件过程改善的支持。

• 软件能力评价：用于识别合格的软件承包商或者监控软件承包商开发软件的过程状态。软件能力评价集中关注识别在预算和进度要求范围内完成制造出高质量的软件产品的软件合同及相关风险。评价在一种审核的环境中进行，重点在于揭示组织实际执行软件过程的文档化的审核记录。

过程改进：软件过程改进是一个持续的、全员参与的过程。CMM/CMMI 建立了一组有效地描述成熟软件组织特征的准则。该准则清晰地描述了软件过程的关键元素，并包括软件工程和管理方面的优秀实践。企业可以有选择地引用这些关键实践指导软件过程的开发和维护，以不断地改善组织软件过程，实现成本、进度、功能和产品质量等目标。

（2）ISO9000 标准体系

最初的软件质量保证系统是在 70 年代由欧洲首先采用的，其后在美国和世界其他地区也迅速地发展起来。目前，欧洲联合会积极促进软件质量的制度化，提出了如下 ISO9000 软件标准系列：ISO9001、ISO9000-3、ISO9004-2、ISO9004-4、ISO9002。这一系列现已成为全球的软件质量标准。除了 ISO9000 标准系列外，许多工业部门、国家和国际团体也颁布了特定环境中软件运行和维护的质量标准，如：IEEE 标准 729-1983、730-1984、Euro Norm EN45012 等。

其中 ISO9001 在软件行业中应用时一般会配合 ISO9000-3 作为实施指南，需要参照 ISO9000-3 的主要原因是软件不存在明显的生产阶段，故软件开发、供应和维护过程不同于大多数其他类型的工业产品。比如软件不会"耗损"，所以设计阶段的质量活动对产品的最终质量显得尤其重要。

ISO 9001 和 CMMI 均是国际上高水准的质量评估体系。两者既有区别又相互联系，且有不同的注重点，不可简单地互相替代。

5.1.2　质量管理规划方法

1. 成本效益分析

达到质量要求的主要效益包括减少返工、提高生产率、降低成本、提升干系人满意度及提升赢利能力。对每个质量活动进行成本效益分析，就是要比较其可能成本与预期效益。

2. 质量成本

质量成本的概念是由美国质量专家 A.V.菲根堡姆在 20 世纪 50 年代提出来的。其定义是：为了确保和保证满意的质量而发生的费用以及没有达到满意的质量所造成的损失，是企业生产总成本的一个组成部分。他将企业中质量预防和鉴定成本费用与产品质量不符合企业自身和顾客要求所造成的损失一并考虑，形成质量报告，为企业高层管理者了解质量问题对企业经济效益的影响，进行质量管理决策提供重要依据。此后人们充分认识了质量成本和保证质量有一个平衡关系，可以在质量和成本之间取得一个良好平衡，如图 5-2 所示。

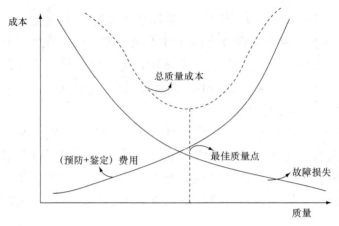

图 5-2　质量成本

3．标杆对照

标杆对照是将实际或计划的项目实践与可比项目的实践进行对照，以便识别最佳质量实践，形成改进意见，并为质量绩效考核提供依据。作为标杆的项目可以来自执行组织内部或外部，或者来自同一应用领域。标杆对照也允许用不同应用领域的项目做类比。

4．流程图

也称过程图，用来显示在一个或多个输入转化成一个或多个输出的过程中，所需要的步骤顺序和可能分支。可以包括原因分析图、系统流程图、处理流程图等。因此，流程图经常用于项目质量控制过程中，其主要目的是确定和分析问题产生的原因。

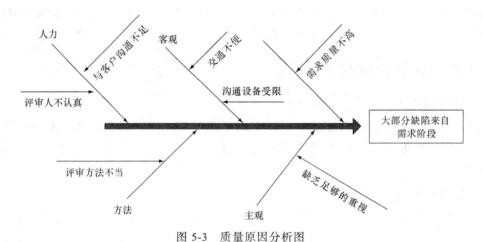

图 5-3　质量原因分析图

5．实验设计

实验设计对于分析整个项目的输出结果是最有影响力的因素，它可以帮助管理者确认哪个变量对一个过程的整体结果影响最大。例如，成本、进度和质量之间的平衡。初级程序员的成本比高级程序员要低，但你不能期望他们在相同的时间内完成相同质量的工作。适当设计一个实验，在此基础上计算初级和高级程序员的不同组合的成本、工时和质量，这样可以在给定的有限资源下确定一个最佳的人员组合。这种技术对于软件开发、设计原型解决核心技术问题和获得主要需求也是可行和有效的。但是，这种方法存在费用与进度交换的问题。

5.1.3　质量管理规划结果

1. 质量管理计划

质量管理计划描述将如何实施组织的质量政策，以及项目管理团队准备如何达到项目的质量要求。质量管理计划是项目管理计划的组成部分，可以是正式或非正式的，详细或概括性的，其风格与详细程度取决于项目的具体需要。

应该在项目早期就对质量管理计划进行评审，以确保决策是基于准确信息的。这样做的好处是，更加关注项目的价值定位，降低因返工而造成的成本超支金额和进度延误次数。

2. 质量测量指标

质量测量指标是以非常具体的语言描述项目或产品属性在控制质量过程中如何对其进行测量。质量测量指标通常不是一个固定值，而是一个变动范围，如果实测数据或结果在"范围"内，即被认为是符合要求的。例如，对于把成本控制在预算的±10%之内的质量目标，就可依据这个具体指标测量每个可交付成果的成本并计算偏离预算的百分比。软件项目质量测量指标通常包括准时性、成本控制、缺陷频率、故障率、可用性、可靠性和测试覆盖度等，可用于软件项目质量保证和控制过程。

3. 质量核对单

核对单是一种结构化工具，通常具体列出项目活动需要完成的工作细目（注意：仅仅是工作描述，而不是质量标准），用来核实所要求的一系列工作步骤是否已经被执行。基于项目需求和实践，质量核对单可简可繁。许多组织都有标准化的核对单，用来规范地执行经常性任务。在某些应用领域，核对单也可从专业协会或商业性服务机构获取。质量核对单应该涵盖范围基准中定义的验收标准。

5.2　质量保证

对于软件质量保证（Software Quality Assurance，SQA），一个正规的定义是：软件质量保证是一系列活动，这些活动能够提供整个软件产品的适用性的证明。要实现软件质量保证，就需要使用为确保一致性和延长的软件周期而建立的质量控制规则。

软件质量保证是一种计划好的行为，它可以保证软件满足评测标准，并且具有具体项目所需要的特性，例如可移植性、高效性、复用性和灵活性。质量保证是一些活动和功能的集合，这些活动和功能用来监控软件项目，从而能够实现预计的目标。质量保证不仅仅是软件质量保证管理小组的责任，项目经理、项目组长、项目人员以及用户都可以参与到其中。

5.2.1　质量保证思想

质量保证的基本思想是强调对用户负责，其思路是为了确立项目的质量能满足规定的质量要求，必须提供相应的证据。而这类证据包括项目质量管理证据或产品质量测定证据，以证明供方有足够的能力满足需方要求。

质量保证有以下 3 种策略。

（1）以检测为重。产品制成之后进行检测，只能判断产品质量，不能提高产品质量。

（2）以过程管理为重。把质量保证工作的重点放在过程管理上，对开发过程中的每一道工序都要进行质量控制。

（3）以产品开发为重。在产品的开发设计阶段，采取强有力的措施来消灭由于设计原因而产生的质量隐患。

除了遵循以上一般项目质量保证的思想，软件项目质量保证的思想还体现在下述理念上。

（1）在产品开发的同时进行产品测试

在产品的特性完成以后就立即对其进行测试的过程称为平行测试过程。对项目产品中的问题发现得越早、对偏差纠正得越早，就可以越有效地防止"失之毫厘，谬以千里"的严重后果。例如，如果软件产品的某个特性被开发出来，质量保证小组的成员紧跟着就应对其进行测试。

（2）在项目的各个阶段保证质量的稳定性

每隔一段时期，项目组织就应花费相应的时间对当期完成的产品特性进行测试、稳定和集成。这种周期性的性能稳定和集成方法，可以帮助开发小组、产品特性和产品质量监控小组实行步调一致。

（3）尽可能早地使项目质量测试自动化

平行测试的关键之一是尽可能地使测试过程自动化。利用自动化测试平台不仅可以降低测试成本，而且可以提高测试效率。自动化测试的过程应该集中在非用户界面的特性上，即将自动化过程集中在核心的产品性能上，避免花费更大的成本。软件项目质量自动化测试工具非常多，IBM Rational Quality Manager 就是其中的佼佼者。

（4）确保项目成员和企业文化都重视质量

质量观念是否已经成为每个项目成员对产品开发过程认识中的一部分？项目组织将如何追求项目和项目产品质量的提高？追求质量是每一个项目成员源自内在的激励，还是总把它看作"别人的工作"？以上这些问题都是质量保证中非常重要的问题。它们有助于揭示一个 IT 企业在创造合格的软件产品时取得了什么程度的成功。建立使项目成员和企业文化都认可和重视的质量保证体系，寻求更好的质量保证方法是最终形成提高项目质量的良性循环的基础。

5.2.2 质量保证内容

软件质量保证（SQA）的内容主要包括以下 6 类。

1. 与 SQA 计划直接相关的工作

根据项目计划制订与其对应的 SQA 计划，定义出各阶段的检查重点，标识出检查、审计的工作产品对象，以及在每个阶段 SQA 的输出产品。定义越详细，对于 SQA 今后工作的指导性就会越强，同时也便于项目经理和 SQA 组长对其工作的监督。编写完 SQA 计划后要组织对 SQA 计划的评审，并形成评审报告，把通过评审的 SQA 计划发送给项目经理、项目开发人员和所有相关人员。表 5-1 是一个 SQA 计划的参考模板。

表 5-1 软件质量保证（SQA）计划模板

1 简介（*描述软件质量保证计划的目的、范围、背景及 SQA 计划与其他项目计划之间的关系。*）

  1.1 文档目的

  1.2 适用范围

  1.3 背景描述

  1.4 SQA 计划与其他计划的关系

  1.5 参考文件

2 组织和职责（*一个好的软件项目通常需要一个独立的 SQA 组。这种独立性表现在 SQA 组是独立于项目组本身的，当项目本身的偏差不能在项目组内解决时，它有一个渠道直接向高层领导者汇报。*）

  2.1 组织机构

  2.2 人员职责

3 对开发工作的支持（*SQA 的任务之一就是对软件产品和开发过程实施监控，确保开发工作按照预定的方式进行，SQA 工作的有效性依赖于与开发组的密切结合及相互合作与支持。*）

  3.1 支持项目计划

  3.2 促进同级评审

4 评审和审计（*识别要进行评审的过程、要审计的工作产品及需要评价的工具和设备，并识别出验证的标准，确定评审和审计的时间。*）

  4.1 过程评审

  4.2 产品审计

  4.3 软件工具、设备评价

  4.4 报告发布

5 资源

  5.1 人员

  5.2 工具和设备

  5.3 培训

6 附录

  附录 1 SQA 过程评审报告

  附录 2 SQA 产品审计报告

2．对项目日常活动与过程的符合性进行检查

这部分的工作内容是 SQA 的日常工作内容。由于 SQA 独立于项目实施组，如果只是参与阶段性的检查和审计则很难及时反映项目组的工作过程，所以 SQA 也要在两个里程碑之间设置若干小的跟踪点，来监督项目的进行情况，以便能及时反映项目中存在的问题，并对其进行追踪。如果只在里程碑进行检查和审计，即便发现了问题也难免过于滞后，不符合尽早发现问题、把问题控制在最小范围之内的整体目标。

3．对项目阶段和阶段产品进行评审和审计

在 SQA 计划中通常已经根据项目计划定义了与项目阶段相应的阶段检查，包括对其阶段产品的审计。阶段产品的审计通常是检查其阶段产品是否按计划、按规程输出并且内容完整，这里的规程包括企业内部统一的规程，也包括项目组内自己定义的规程。但是 SQA 对于阶段产品内容的正确性一般不负责检查，对于内容的正确性通常交由项目中的评审来完成。SQA 参与评审是从保证评审过程有效性方面入手，如参与评审的人是否具备一定资格、是否规定的人员都参加了评审、评审中对被评审对象的每个部分都进行了评审并给出了明确的结论等。

4．对配置管理工作的检查和审计

SQA 要对项目过程中的配置管理工作是否按照项目最初制定的配置管理计划进行监督，包括配置管理人员是否定期进行该方面的工作、是否所有人得到的都是开发过程产品的有效版本。这里的过程产品包括项目过程中产生的代码和文档。

5．跟踪问题的解决情况

对于评审中发现的问题和项目日常工作中发现的问题，SQA 要进行跟踪，直至解决。对于在项目组内可以解决的问题就在项目组内部解决；对于在项目组内部无法解决的问题，或是在项目组中催促多次也没有得到解决的问题，可以利用其独立汇报的渠道报告给高层经理。

6．收集新方法，提供过程改进的依据

此类工作很难具体定义在 SQA 的计划当中，但是 SQA 有机会直接接触很多项目组，对于项目组在开发管理过程中的优点和缺点都能准确地获得第一手资料。他们有机会了解项目组中管理好的地方是如何做的，采用了什么有效的方法，在 SQA 小组的活动中与其他 SQA 共享。这样，好的实施实例就可以被传播到更多的项目组中。对于企业内过程规范定义得不准确或是不恰当的地方，也可以通过 SQA 小组反映到软件工程过程小组，便于下一步对规程进行修改和完善。

5.2.3　质量审计报告

软件项目质量保证活动的一个重要输出是质量审计报告，包括 SQA 过程评审报告和 SQA 产品审计报告，分别如表 5-2 和表 5-3 所示。

表 5-2　　　　　　　　　　　　　　SQA 过程评审报告

项目名称	××软件系统	项目标识	
SQA		评审时间	
参加人员			
评审过程			
检查表			
评审使用的规程或标准			
评审结果			

不符合的问题

#	问题描述	纠正措施	计划解决时间	实际解决时间
1				
2				

表 5-3　　　　　　　　　　　　　　SQA 产品审计报告

项目名称	××软件系统	项目标识	
SQA		审计时间	
参加人员			
审计产品	《功能测试报告》		
审查标准			

审计项与结论

审计项	审计结果
测试报告与产品标准的符合程度	与产品标准存在如下不符合项： 1）封面的面积 2）目录 3）第 2 章和第 4 章（内容与标准有一定出入）
测试执行情况	打印模块没有测试局域网打印功能

审核意见

审计项和结论基本属实，审计有效。

审核人：

审核日期：

5.3 质量控制

质量控制是监督并记录质量活动执行结果，以便评估绩效，并推荐必要的变更的过程。本过程的主要作用包括：（1）识别过程低效或产品质量低劣的原因，建议并采取相应措施消除这些原因；（2）确认项目的可交付成果及工作满足主要干系人的既定需求，足以进行最终验收。

控制质量过程使用一系列操作技术和活动，来核实已交付的输出是否满足需求。在项目规划和执行阶段开展质量保证，来建立满足干系人需求的信心；在项目执行和收尾阶段开展质量控制，用可靠的数据来证明项目已经达到发起人或客户的验收标准。

5.3.1 软件项目常见质量问题

软件项目质量问题的表现形式多种多样，究其原因可以归纳为如下几种：

（1）违背软件项目规律。如未经可行性论证；不做调查分析就启动项目；任意修改设计；不按技术要求实施；不经过必要的测试、检验和验收就交付使用等蛮干现象，致使不少项目留有严重的隐患。

（2）技术方案本身的缺陷。系统整体方案本身有缺陷，造成实施中的修修补补，不能有效地保证目标实现。

（3）基本部件不合格。选购的软件组件、中间件、硬件设备等不稳定、不合格，造成整个系统不能正常运行。

（4）实施中的管理问题。许多项目质量问题往往是由于人员技术水平、敬业精神、工作责任心、管理疏忽、沟通障碍等原因造成的。

出现上述质量问题的原因可以归纳为如下几个方面。

（1）人的因素。在软件项目中，人是最关键的因素。人的技术水平直接影响项目质量的高低，尤其是技术复杂、难度大、精度高的工作或操作，经验丰富、技术熟练的人员是项目质量高低的关键。另外，人员的工作态度、情绪、协调沟通能力也会对项目质量产生重要的影响。

（2）资源要素。在项目实施过程中，如果使用一些质量不好的资源，如劣质交换机；或者按计划采购的资源不能按时到位等，会对项目质量产生非常不利的影响。

（3）方法因素。不合适的实施方法会拖延项目进度、增加成本等，从而影响项目质量控制的顺利进行。

5.3.2 质量控制方法

软件项目质量控制的主要方法有技术评审、代码走查、代码评审、单元测试、集成测试、系统测试、验收测试和缺陷追踪等。

（1）技术评审

技术评审的目的是尽早发现工作成果中的缺陷，并帮助开发人员及时消除缺陷，从而有效地提高产品的质量。软件项目中主要的评审对象有：软件需求规格说明书、软件设计方案、测试计划、用户手册、维护手册、系统开发规程、产品发布说明等。技术评审应该采取一定的流程，这在企业质量管理体系或者项目计划中都有相应的规定，例如，下面是一个技术评审的建议流程。

• 召开评审会议。一般应有 3～5 名相关领域的人员参加，会前每个参加者做好准备，评审会每次一般不超过 2 小时。

• 在评审会上，由开发小组对提交的评审对象进行讲解。

• 评审组可以对开发小组进行提问，提出建议和要求，也可以与开发小组展开讨论。

• 会议结束时必须做出以下决策之一：接受该产品，不需要做修改；由于错误严重，拒绝接受；暂时接受该产品，但需要对某一部分进行修改，开发小组还要将修改后的结果反馈至评审组。

• 评审报告与记录。对所提供的问题都要进行记录，在评审会结束前产生一个评审问题表，另外必须完成评审报告。

同行评审是一个特殊类型的技术评审，是由与工作产品开发人员具有同等背景和能力的人员对产品进行的一种技术评审，目的是在早期有效地消除软件产品中的缺陷，并更好地理解软件工作产品和其中可预防的缺陷。同行评审是提高生产率和产品质量的重要手段。

（2）代码走查

代码走查也是一种非常有效的方法，就是由审查人员"读"代码，然后对照"标准"进行检查。它可以检查到其他测试方法无法监测到的错误，好多逻辑错误是无法通过其他测试手段发现的，代码走查是一种很好的质量控制方法。代码走查的第一个目的是通过人工模拟执行源程序的过程，特别是一些关键算法和控制过程，检查软件设计的正确性。第二个目的是检查程序书写的规范性。例如，变量的命名规则、程序文件的注释格式、函数参数定义和调用的规范等，以利于提高程序的可理解性。

（3）代码会审

代码会审是由一组人通过阅读、讨论和争议对程序进行静态分析的过程。会审小组由组长、2～3 名程序设计和测试人员及程序员组成。会审小组在充分阅读待审程序文本、控制流程图及有关要求和规范等文件的基础上，召开代码会审会，程序员逐句讲解程序的逻辑，并展开讨论甚至争议，以揭示错误的关键所在。实践表明，程序员在讲解过程中能发现许多自己原来没有发现的错误，而讨论和争议则进一步促使了问题的暴露。例如，对某个局部性小问题修改方法的讨论，可能发现与之有牵连的甚至涉及模块的功能、模块间接口和系统结构的大问题，导致对需求进行重定义、重新设计和验证。

（4）软件测试

软件测试所处的阶段不同，测试的目的和方法也不同。单元测试是指对软件中的最小可测试单元进行检查和验证。对于单元测试中单元的含义，一般来说，要根据实际情况去判定其具体含义，如 C 语言中单元指一个函数，Java 里单元指一个类，图形化的软件中可以指一个窗口或一个菜单等。总的来说，单元就是人为规定的最小的被测功能模块，一旦模块完成就可以进行单元测试。集成测试是测试系统各个部分的接口及在实际环境中运行的正确性，保证系统功能之间接口与总体设计的一致性，而且满足异常条件下所要求的性能级别。系统测试是检验系统作为一个整体是否按其需求规格说明正确运行，验证系统整体的运行情况，在所有模块都测试完毕或者集成测试完成之后，可以进行系统测试。验收测试是在客户的参与下检验系统是否满足客户的所有需求，尤其是在功能和使用的方便性上。

（5）缺陷跟踪

从缺陷发现开始，一直到缺陷改正为止的全过程为缺陷追踪。缺陷追踪要一个缺陷、一个缺陷地加以追踪，也要在统计的水平上进行，包括未改正的缺陷总数、已经改正的缺陷百分比、改正一个缺陷的平均时间等。缺陷追踪是可以最终消灭缺陷的一种非常有效的控制手段。可以采用工具追踪测试的结果，表 5-4 就是一个缺陷追踪工具的表格形式。

表 5-4　　　　　　　　　　　　　测试错误追踪记录表

序号	时间	事件描述	描述类型	状态	处理结果	测试人	开发人
1							
2							

5.4　案例研究

案例一　IBM 的过程质量管理

IBM 公司利用过程质量管理方法解决许多公司经理都曾经遇到过的问题，即如何使一个项目组就目标达成共识并有效地完成一个复杂项目。在企业内部团队活动日益增多的情况下，这种方法无疑可以帮助一个项目小组确定工作目标、统一意见并制定具体的行动计划，而且可以使小组所有成员统一目标，集中精力于对公司或小组具有重要意义的工作上。当然，这种方法也可以为面临困难任务、缺乏共识或在主次工作确定及方向上有分歧的工作组提供冲破疑难的方法和动力。

IBM 的过程质量管理的基础是召开一个为期两天的会议，所有小组成员都在会议上参与确定项目任务及主次分配。具体的步骤如下。

（1）建立一个工作小组。工作小组应至少由与项目有关的 12 人组成。该组成员可包括副总裁、部门经理及其手下高层经理，也可包括与项目有关的其他人员。工作小组的组长负责挑选组员，并确定一个讨论会主持人。主持人应持中立立场，他的利益不受小组讨论结果的影响。

（2）召开一个为期两天的会。每一个组员及会议主持人必须到会，但非核心成员或旁听不允许参加。尽量避免在办公室开会，以免别人打扰。

（3）写一份关于任务的说明。写一份清楚简洁且征得每个人同意的任务说明。如果工作小组仅有"为欧洲市场制定经营战略计划"这样的开放性指示，编写任务说明就比较困难。如果指示具体一些，如"在所有车间引进 jit 存货控制"，那么编写任务说明就较简单，但仍需小组事先讨论；而在会议中，应由会议主持人而不是组长来掌握进程。

（4）进行头脑风暴式的讨论。组员将所有可能影响工作小组完成任务的因素列出来。主持人将所提到的因素分别用一个重点词记录下来。每个人都要贡献自己的想法，在讨论过程中不允许批评和讨论。

（5）找出重要成功因素。这些因素是工作小组要完成的具体任务。主持人将每一重要因素记录下来，通常可以是"我们需要……"或"我们必须……"。列出重要成功因素表有 4 个要求：第一，每一项都得到所有组员的赞同；第二，每一项确实是完成工作小组任务所必需的；第三，所有因素都集中起来，足以完成该项任务；第四，表中每一项因素都是独立的—不用"和"来表述。

（6）为每一个重要成功因素确定业务活动过程。针对每一个重要成功因素，列出实现它的所有因素及其所需的业务活动过程，求出总数。之后用下列标准评估本企业在现阶段执行每一业务活动过程的情况：a=优秀；b=好；c=一般；d=差；e=尚未执行。

（7）填写优先工作图。先将业务活动过程按重要性排序，再按其目前在本企业的执行情况排列。以执行情况（质量）为横轴，以优先程度（以每一业务活动相关的重要成功因素的数目为标准，涉及的数目越多越优先）为纵轴，在优先工作图上标出各业务活动过程。然后在图上划出第一、二、三位优先区域。由工作小组决定何处是处于首要地位的区域，但一般来说，首要优先工作区域是能影响许多重要成功因素且目前执行不佳的区域。但是，如果把第一位优先区域划得太大，囊括了太多业务活动，就不能迅速解决任何一个过程了。

（8）后续工作。工作小组会议制定了业务过程，并列出了要优先进行的工作，组长则应做好后续工作，检查组员是否改进了分配给他的业务过程，看企业或其工作环境中的变化是否要求再开过程质量管理会议来修改任务或重要成功因素或业务活动过程表的内容。

今年来，过程管理成为许多优秀企业改进绩效、不断进步的重要改革举措，它使整个企业的管理更具系统性和全局性。在这样的环境变化趋势下，IBM 的过程质量管理的确对中国企业的现代管理具有重要的指导意义和实用价值。

【案例问题】

1. 在复杂项目开发中一般会遇到哪些问题？IBM 是如何解决这些问题的？
2. 质量管理工作小组的人员构成有哪些特点？
3. 工作小组的会议为什么最好不在办公室召开？
4. "任务说明"具有哪些特点？它起什么作用？
5. IBM 的过程质量管理可以应用于企业管理的很多方面吗？

案例二　暴雪公司如何保证高质量游戏的制作

为什么暴雪出品，必属精品呢？一个用心做游戏的公司，其产品起码对得起自己的汗水，也对得起玩家的期待，而暴雪就是这么一家良心企业。

一款好游戏的产生，要有三点来支持。

（1）游戏理念

赋予游戏生命是一种游戏开发的理念，只有在游戏理念存在的情况下，一款高质量的游戏才能完成，而游戏理念也是在游戏开发前就要确定的，一款游戏从设计到制作，任何一个细节都会影响游戏的整体质量。如果游戏理念开始就无法确定，那么在图纸的修修改改中，要么房子变成四不像，要么就是奇丑无比，要么只能推到重盖，这样就大大地增加了开发成本。

就拿《魔兽世界》来说，暴雪非常钟情于对自己的作品进行延续和再开发，对于暴雪而言，游戏产品需要不断地进行"生长"才会有生命力，也就是说要赋予游戏一种生命力才可以，只有一款"活着的"游戏，才生动，可爱，受玩家喜欢。又如暴雪的《炉石传说》，从对战类卡牌游戏的方式切入游戏设计，而当时市场上还没有相同的设计理念，这样一款有着独特设计理念的产品立即在市场上迅速地站稳脚跟。

（2）游戏设计

游戏设计需要根据游戏理念来具体地设计内容，游戏设计具体还要分成几个部分，比如游戏场景设计、游戏结构设计、人物设计、场景设计等，设计要贯穿理念，否则一项设计就会成为艺术品或者美术品，这样的东西用在游戏中是没有任何价值的，游戏重要的还是要体验游戏性，所以说，内容设计的丰富是游戏设计的成功的标志，一个题材，要贯穿一种思想，有了思想的题材就会像故事一样地吸引人，比如《魔兽》的设计，就是要贯穿一种营造另一个世界的氛围，通过社交等方式来创造一个新的世界的游戏理念，所以说，无论是社交方面还是世界观方面，《魔兽》无疑在这两点是做得最为出色的游戏。

（3）游戏技术

游戏技术可分几个部分，比如美工、程序、音效等，也是技术层次上的几个需求。

技术的运用完全是建立在丰富设计的基础上，无论是原画的场景贴入，还是系统的算法函数设计，技术只是在已经设计好的素材上进行逻辑功能上的关系建立而已，因为有了含有游戏理念而设计的富有内涵的素材，通过程序语言来组织到一起，才形成了当前的游戏。再通过技术上将原画还原成真实贴图，通过贴图的美工技术就会直接影响到画质的层次上，而一个美工是否能够将设计者的原画还原，则会直接影响到游戏是否会贯彻游戏理念的根本，所以说，这三环是相互联系的，缺一不可。

不可否认，欧美在动画处理上的技术确实要领先国内很多，所以，暴雪在游戏完成技术上，无可挑剔，而音乐上，暴雪的音乐总监是 Russell Brower，是一位在迪士尼、华纳兄弟、DIC 娱乐公司等多家公司工作过的元老级音乐人，游戏音乐是暴雪花重金聘请爱乐乐团打造，作曲团队还包括 JasonHayes，TaceyW。Bush，DerekDuke，GlennStafford 等顶级游戏音乐制作人，所以魔兽世界的音乐无论在气势上还是感觉上，都和魔兽争霸相得益彰。由此可见，7 年专业游戏设计师带领的设计团队从设计魔兽争霸的游戏理念上再去设计《魔兽世界》，再加上世界级美工团队和音效团队，6 年磨一剑，终于成就了魔兽世界。

正是因为暴雪在制作游戏的过程中，坚持遵守这三点，才会有了今天游戏界中的地位。

Rob Pardo 作为《魔兽世界》第一任也是有影响力的设计师，是他带领了一个团队创造了艾泽拉斯大陆，Rob Pardo 有一句名言，"我们这家公司之所以成功，就是因为我们开发什么游戏不是由商人决定的，而是由开发人员决定的。"而这句名言，也就是暴雪长久以来能够获得成功的基石，从游戏理念上来说，暴雪不仅仅激发了团队的创作激情，更赢得了用户的青睐和共鸣。

暴雪创造了《魔兽》不是偶然，而是作为一个游戏公司做到了专业的态度，即使到了十年后的今天，魔兽虽然已经无法达到和其他 MOBA 游戏一样的人气，但是魔兽依然是一个庞然大物，矗立在游戏的发展史中，魔兽就像是一个里程碑，更像是一种游戏精神。

【案例问题】
1. 暴雪公司如何保证游戏开发的质量？
2. 通过本案例，软件项目质量管理的核心是什么？
3. 暴雪公司的成功经验给我们哪些启示？

习题与实践

一、习题

1. 项目质量包含哪几方面的含义？质量计划一般包括哪些内容？
2. 评价软件质量应遵循哪些原则？
3. 简述软件项目质量保证的思想及质量控制过程。
4. 简述软件项目的质量计划包括哪些内容，以及编制质量计划的主要依据。
5. 你认为项目质量保证与项目质量控制有没有区别？如果有，主要区别在哪里？
6. 项目质量管理与项目时间和成本管理是什么关系？为什么？
7. 简述软件项目质量控制有哪些活动及应遵循的原则。

二、实践

1. 上网搜索著名 IT 企业（如 IBM、微软、Google 等）在质量管理方面的做法，撰写该行业质量管理的现状、特征与发展趋势。

2. 编写项目质量计划，要求包括以下内容：

（1）明确质量管理活动中各种人员的角色、分工和职责；

（2）明确质量标准、遵循的质量管理体系；

（3）确定质量管理使用的工具、方法、数据资源和实施步骤；

（4）指导质量管理过程的运行阶段、过程评价、控制周期；

（5）说明质量评估审核的范围和性质，并根据结果指出对项目不足之处应采取的纠正措施等。

第 6 章
人力资源管理

软件产业化和社会化运作已是一个不争的事实，如何有效地管理项目组织和协调项目组成员是一个成功 IT 企业必须处理好的关键性问题。

世界知名 IT 企业的都称视人才为最宝贵的资源，因为人的因素决定了一个 IT 企业或者项目的成败。大多数项目经理都认为有效地管理人力资源是他们所面临的最艰巨的的挑战。项目人力资源管理是项目管理中至关重要的组成部分，尤其在信息技术领域，获取合适的人才以及人力资源管理都非常困难。

本章主要介绍如何建立项目组织，软件项目团队成员选择方法，如何进行团队建设、领导和激励等管理过程，有关项目组的交流和沟通，将在下一章沟通管理中专门进行讨论。

6.1　人力资源管理规划

规划人力资源管理是识别和记录项目角色、职责、所需技能、报告关系，并编制人员配备管理计划的过程。本过程的主要作用是：建立项目角色与职责、项目组织图，以及包含人员招募和遣散时间表的人员配备管理计划。

6.1.1　软件项目人力资源特点

软件项目是知识密集型的项目，受人力资源影响最大，项目成员的结构、责任心、能力和稳定性对项目的质量及是否成功有决定性的影响。人在项目中既是成本，又是资本。人力成本通常在项目成本中占到 60%以上，这就要求对人力资源从成本上去衡量，尽量使人力资源的投入最小。把人力资源作为资本，就要尽量发挥资本的价值，使人力资源的产出最大。在软件项目团队中，员工的知识水平一般都比较高，由于知识员工的工作是以脑力劳动为主，他们的工作能力较强，有独立从事某一活动的倾向，并在工作过程中依靠自己的智慧和灵感进行创新活动。所以，知识型员工具有以下特点。

（1）知识型员工具有较高的知识、能力，具有相对稀缺性和难以替代性。

（2）知识型员工工作自主性要求高。IT 企业普遍倾向给员工营造一个宽松的、有较高自主性的工作环境，目的在于使员工服务于组织战略与实现项目目标。

（3）知识型员工大多崇尚智能，蔑视权威。追求公平、公正、公开的管理和竞争环境，蔑视倾斜的管理政策。

（4）知识型员工成就动机强，追求卓越。知识型员工追求的主要是"自我价值的实现"、工作的挑战性和得到社会认可。知识型员工具有较强的流动意愿，忠于职业多于忠于企业。

（5）知识型员工的能力与贡献之间差异较大，内在需求具有较多的不确定性和多样性，出现交替混合的需求模式。

（6）知识型员工的工作中的定性成分较大，工作过程一般难以量化，因而不易控制。因为知识创造过程和劳动过程的无形性，其工作没有确定的流程和步骤，对其业绩的考核很难量化，对其管理的"度"难以把握。

对于知识型员工，更需要新型的管理方式，员工希望：

（1）"以人为本"给予知识型员工充分的尊重与认可。对知识型员工个人价值的肯定是关键所在。

（2）"大道至简"运用电子平台沟通方式，提供知识型员工自由施展才能和表达自我的平台。创造一种自由、民主、公平的工作氛围，提倡民主参与的决策方式要更优于高度集权。

（3）在完成任务的同时，员工不断进步，其知识、能力、素质不断提高，实现全面发展。

6.1.2　人力资源管理计划

需要考虑稀缺资源的可用性或对稀缺资源的竞争，这可能对项目成本、进度、风险、质量及其他领域有显著影响。根据项目管理计划、活动资源需求以及以往的项目经验，编制人力资源管理计划，以保证人力资源规划的有效性。

作为项目管理计划的一部分，人力资源管理计划提供了关于如何定义、配备、管理及最终遣散项目人力资源的指南。人力资源管理计划主要包括以下内容。

（1）角色和职责。在罗列完成项目所需的角色和职责时，需要考虑下述各项内容。

- 角色。在项目中，某人承担的职务或分配给某人的职务，如土木工程师、商业分析师和测试协调员。还应该明确和记录各角色的职权、职责和边界。

- 职权。使用项目资源、做出决策、签字批准、验收可交付成果并影响他人开展项目工作的权力。例如，下列事项都需要由具有明确职权的人来做决策：选择活动的实施方法，质量验收，以及如何应对项目偏差等。当个人的职权水平与职责相匹配时，团队成员就能最好地开展工作。

- 职责。为完成项目活动，项目团队成员必须履行的职责和工作。

- 能力。为完成项目活动，项目团队成员需具备的技能和才干。如果项目团队成员不具备所需的能力，就不能有效地履行职责。一旦发现成员的能力与职责不匹配，就应主动采取措施，如安排培训、招募新成员、调整进度计划或工作范围。

责任分配矩阵（RAM）用来反映与每个人相关的所有活动，以及与每项活动相关的所有人员。它也可确保任何一项任务都只有一个人负责，从而避免职责不清。在大型项目中，可以制定多个层次的 RAM。例如，高层次 RAM 可定义项目团队中的各小组分别负责 WBS 中的哪部分工作，而低层次 RAM 则可在各小组内为具体活动分配角色、职责和职权。RAM 的一个例子是 RACI（执行 Responsilble、负责 Accountable、咨询 Consult 和知情 Inform）矩阵，如表 6-1 所示。表中最左边的一列表示有待完成的工作（活动）。分配给每项工作的资源可以是个人或小组。项目经理也可根据项目需要，选择"领导""资源"或其他适用词汇，来分配项目责任。如果团队是由内部和外部人员组成，RACI 矩阵对明确划分角色和期望特别有用。

表 6-1　　　　　　　　　　　　　　RACI 矩阵

活动	人员				
	安妮	本	卡洛斯	蒂娜	埃德
制定章程	A	R	I	I	I
收集需求	I	A	R	C	C
提交变更请求	I	A	R	R	C
制订测试计划	A	C	I	I	R
说明	R=执行　　　A=负责　　　C=咨询　　　I=知情				

（2）项目组织图。项目组织图以图形方式展示项目团队成员及其报告关系。基于项目的需要，项目组织图可以是正式或非正式的，非常详细或高度概括的。例如，一个 3000 人的大规模软件项目团队的项目组织图，要比仅有 20 人的内部项目的组织图详尽得多。

（3）人员配备管理计划。人员配备管理计划是人力资源管理计划的组成部分，说明将在何时、以何种方式获得项目团队成员，以及他们需要在项目中工作多久。它描述了如何满足项目对人力资源的需求。基于项目的需要，人员配备管理计划可以是正式或非正式的，非常详细或高度概括的。应该在项目期间不断更新人员配备管理计划，以指导持续进行的团队成员招募和发展活动。人员配备管理计划的内容因应用领域和项目规模而异，但都应包括以下内容。

• 人员招募。在规划项目团队成员招募工作时，需要考虑一系列问题，例如，从组织内部招募，还是从组织外部的签约供应商中招募；团队成员必须集中在一起工作还是可以远距离分散办公；项目所需各级技术人员的成本；组织的人力资源部门和职能经理们能为项目管理团队提供的协助。

• 资源日历。表明每种具体资源的可用工作日和工作班次的日历。在人员配备管理计划中，需要规定项目团队成员个人或小组的工作时间框架，并说明招募活动何时开始。项目管理团队可用资源直方图向所有干系人直观地展示人力资源配情况。人力资源直方图显示在整个项目期间每周（或每月）需要某人、某部门整个项目团队的工作小时数。可在资源直方图中画一条水平线，代表某特定资源最多可用的小时数。如果柱形超过该水平线，就表示需要采用资源优化策略，如增加资源或修改进度计划。人力资源直方图示例如图 6-1 所示。

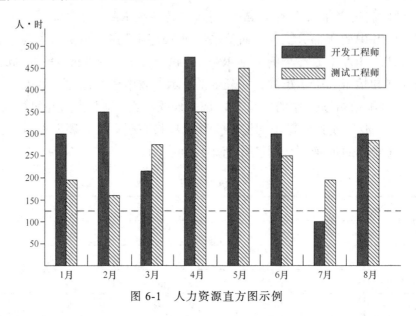

图 6-1　人力资源直方图示例

- 人员遣散计划。事先确定遣散团队成员的方法与时间，对项目和团队成员都有好处。一旦把团队成员从项目中遣散出去，项目就不再负担与这些成员相关的成本，从而节约项目成本。人员遣散计划也有助于减轻项目过程中或项目结束时可能发生的人力资源风险。

- 培训需要。如果预计配给的团队成员不具备所要求的能力，则要制定一个培训计划，将培训作为项目的组成部分。培训计划中也可说明应该如何帮助团队成员获得相关证书和提高工作能力，从而使项目从中受益。

- 认可与奖励。需要用明确的奖励标准和事先确定的奖励制度来促进并加强团队成员的优良行为。应该针对团队成员可以控制的活动和绩效进行认可与奖励。例如，因实现成本目标而获奖的团队成员，就应该对费用开支有适当的决定权。在奖励计划中规定发放奖励的时间，可以确保奖励能适时兑现而不被遗忘。

- 合规性。人员配备管理计划中可包含一些策略，以遵循适用的政府法规、工会合同和其他现行的人力资源政策。

- 安全。应该在人员配备管理计划和风险登记册中规定一些政策和程序，使团队成员远离安全隐患。

6.2　团队组建

组建项目团队是确认人力资源的可用情况，并为开展项目活动而组建团队的过程。

本过程的主要作用是，指导团队选择和职责分配，组建一个成功的团队。

6.2.1　团队组织结构

据统计，在软件开发项目中，项目失败有一个重要原因就是项目组织结构设计不合理，责任分工不明确，沟通不畅，运作效率不高。项目组织结构的本质是反映组织成员之间的分工协作关系，设计组织结构的目的是为了更有效地、更合理地将企业员工组织起来，形成一个有机整体来创造更多价值。每个 IT 企业都有一套自身的组织结构，这些组织结构既是组织存在的形式，又是组织内部分工与合作关系的集中体现。常见的软件项目团队的组织结构主要有 3 种类型：职能型、项目型和矩阵型。

1.　职能型组织结构

职能型组织结构是最普遍的项目组织形式，是按职能以及职能的相似性来划分部门而形成的组织结构形式。这种组织具有明显的等级划分，每个员工都有一个明确的上级。职能型组织结构如图 6-2 所示。

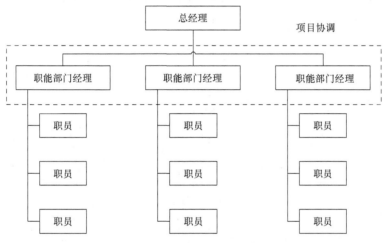

图 6-2　职能型组织结构

职能型组织结构具有以下优点。

（1）各职能主管可以根据项目需要调配人力、物力等资源，可以充分发挥职能部门资源集中的优势。职能部门内部的技术专家在本部门内可以为不同项目同时服务，节约人力，提高了资源利用率。

（2）同一职能内部的专业人员在一起易于交流知识和经验，这可使项目获得部门内所有的知识和技术支持，有助于解决项目的技术问题。当有成员离开项目组时，职能部门还能保持项目技术支持的连续性。

（3）项目成员来自各职能部门，不用担心项目结束后的去向，可以减少因项目的临时性而给项目成员带来的不确定性。此外，职能部门可以为本部门的专业人员提供一条正常的晋升途径。

职能型组织结构具有以下缺点。

（1）技术复杂的项目通常需要多个职能部门的共同合作，但他们往往更注重项目中与其领域相关的部分，而忽略整个项目的目标，并且跨部门的交流和沟通也比较困难。

（2）当职能部门的利益和项目的利益发生冲突时，职能部门往往会优先考虑本部门的利益而忽视了项目和客户的利益。

（3）项目团队成员要受职能部门经理和项目经理的双重领导，项目经理对项目成员没有完全的权力，并且项目成员会将项目工作不视为主要工作，对项目工作没有更多的热情，积极性不高，这将对项目质量和进度都会造成很大影响。

因此，职能型组织结构比较适合小型项目采用，不适宜多产品种类和大规模的企业和项目，也不适宜创新性的工作。

2. 项目型组织结构

在项目型组织结构中部门完全是按照项目进行设置的，每个项目就如同一个微型公司那样运作。完成每个项目目标的所有资源完全分配给这个项目，专门为这个项目服务。专职的项目经理对项目团队拥有完全的项目权力和行政权力。项目型组织对客户高度负责。例如，如果客户改变了项目的工作范围，项目经理有权马上按照变化重新分配资源。项目型组织结构如图 6-3 所示。

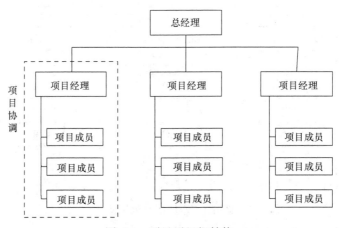

图 6-3　项目型组织结构

项目型组织结构有以下优点。

（1）项目经理有充分的权力调动项目内外资源，对项目全权负责。

（2）权力的集中使决策的速度可以加快，整个项目的目标单一，项目组能够对客户的需要做出更快的响应。进度、成本和质量等方面的控制也较为灵活。

（3）这种结构有利于使命令协调一致，每个成员只有一个领导，排除了多重领导的可能。

（4）项目组内部的沟通更加顺畅、快捷。项目成员能够集中精力，在完成项目的任务上团队精神得以充分发挥。

项目型组织结构有以下缺点。

（1）由于项目组对资源具有独占的权力，在项目与项目之间的资源共享方面会存在一些问题，可能在成本方面效率低下。

（2）项目经理与项目成员之间有着很强的依赖关系，而与项目外的其他部门之间的沟通比较困难。各项目之间知识和技能的交流程度很低，成员专心为自己的项目工作，这种结构没有职能型组织结构中那种让人们进行职业技能和知识交流的场所。

（3）在相对封闭的项目环境中，容易造成对公司的规章制度执行的不一致。

（4）项目成员缺乏归属感，不利于职业生涯的发展。

项目型组织结构常见于一些规模大、项目多的组织。

3．矩阵型组织结构

矩阵型组织是职能型和项目型结构的混合，同时有多个规模及复杂程度不同的项目的公司，适合采用这种组织结构。它既有项目结构注重项目和客户的特点，又保留了职能结构里的职能专业技能。矩阵结构里的每个项目及职能部门都有职责协力合作为公司及每个项目的成功做出贡献。另外，矩阵型组织能有效地利用公司的资源。如图6-4所示，项目B中有2个人来自设计部门，有6个人来自实现部门等。通过在几个项目间共享人员的工作时间，可以充分利用资源，全面降低公司及每个项目的成本。所有被分到某一具体项目中的人员组成项目团队，归项目经理领导，由项目经理统一团队的力量。

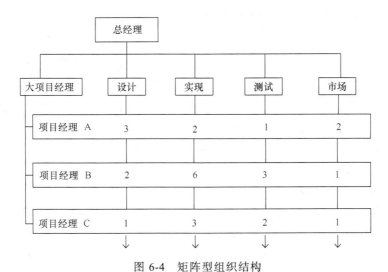

图6-4 矩阵型组织结构

矩阵型组织结构有以下优点。

（1）以项目为中心，有专职的项目经理负责整个项目。

（2）项目团队共享各个职能部门的资源。

（3）当项目结束后，项目成员可回到原来的职能部门，减少了对项目结束后的顾虑。

（4）对公司内部和客户的要求都能迅速地做出响应。

（5）平衡了职能经理和项目经理的权力，保证系统总体目标的实现。

矩阵型组织机构有以下缺点。

（1）容易引起职能经理和项目经理权力的冲突。

（2）多项目共享资源会导致项目之间的资源竞争冲突。

（3）项目成员受职能经理和项目经理双重领导。

这种组织结构比较适合于以开发研究项目为主的组织和单位。

4．项目组织结构的选择

由于不同的组织目标、资源和环境的差异，寻找一个理想的组织结构是比较困难的。也就是说，不存在最理想的项目组织结构，每个组织应该根据自己的特点来确定适合自身的组织结构。这就需要企业或者事业部门根据企业的战略、规模、技术环境、行业类型、当前发展阶段，以及过去的历史经验等确定自身的组织结构。表 6-2 列举了一些影响项目组织结构选择的重要因素。

表 6-2　　　　　　　　　　影响项目组织结构选择的重要因素

组织结构 影响因素	职能型	项目型	矩阵型
不确定性	低	高	高
所用技术	标准	复杂	新
复杂程度	低	中等	高
持续时间	短	中等	长
规模	小	中等	打
重要性	低	中等	高
客户类型	各种各样	中等	单一
内部依赖性	弱	中等	强
外部依赖性	强	中等	强
时间局限性	弱	中等	强

5．IBM 矩阵式组织结构

IBM 引进了沿用至今的在业界被认为是成功典范的矩阵型组织结构。什么是 IBM 式矩阵？简单地说，任何一位 IBM 的现有或潜在客户，都至少有两个 IBM 人盯着你，一位来自 IBM 品牌事业部（硬件、软件等），另一位则是来自产业事业部（金融、交通、制造等）；而每一位 IBM 的当地经理人，一样有两个 IBM 主管盯着你，一位是地区主管，一位是品牌或产业的 IBM 总部主管。这套组织结构的最大目的，就是不漏失任何一个客户的需要，而且当客户有了需要，IBM 可以动用全球资源，以最快的速度来服务他。IBM 组织结构如图 6-5 所示。

6.2.2　团队成员选择

1．成员选择标准

在组建项目团队过程中，经常需要使用团队成员选择标准。通过多标准决策分析，制定出选择标准，并据此对候选团队成员进行定级或打分。根据各种因素对团队的不同重要性，赋予选择标准不同的权重。例如，可用下列标准对团队成员进行打分。

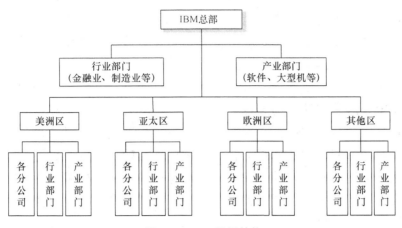

图 6-5　IBM 组织结构

（1）可用性。团队成员能否在项目所需时段内为项目工作，在项目期间内是否存在影响可用性的因素。

（2）成本。聘用团队成员所需的成本是否在规定的预算内。

（3）经验。团队成员是否具备项目所需的相关经验。

（4）能力。团队成员是否具备项目所需的能力。

（5）意识。项目团队成员需要很强的以问题为导向的意识。

（6）技能。项目团队成员需要有解决问题和决策的技能。对项目中有待解决的问题，团队成员需要分辨出问题的本质是什么，对于各种观点与建议进行评价，决定哪个可能是最有效的方法及如何执行。

（7）态度。团队成员能否与他人协同工作，以形成有凝聚力的团队。

（6）沟通能力。项目团队成员需要有人际交往的技能，项目成员能够有效地沟通与交流，能够克服个人之间常常出现的问题与矛盾。

2．成员选择需要注意的事项

因为集体劳资协议、分包商人员使用、矩阵型组织环境或其他各种原因，项目经理不一定对团队成员选择有直接控制权。在组建项目团队过程中，应特别注意下列事项。

（1）项目经理或项目管理团队应该进行有效谈判，并影响那些能为项目提供所需人力资源的人员。

（2）不能获得项目所需的人力资源，可能影响项目进度、预算、客户满意度、质量和风险。人力资源不足或人员能力不足会降低项目成功的概率，甚至可能导致项目取消。

（3）如因制约因素（如经济因素或其他项目对资源的占用）而无法获得所需人力资源，在不违反法律、规章、强制性规定或其他具体标准的前提下，项目经理或项目团队可能不得不使用替代资源（也许能力较低）。

3．微软——智力导向型人员甄选方法

微软公司在成长的过程中，甄选智力型人员的做法是其成功的主要因素之一。正

如一位行业观察家所指出的那样，"盖茨通过深思熟虑将微软塑造成了一个奖励聪明人的组织，而他将公司塑造成这种组织的方式则是微软公司成功中最为重要的一面，然而这也是经常被大多数人所忽视的一面。"

微软公司每年大约都要对十几万名求职者进行筛选，在这一过程中，公司注重的是求职者总体智力或认知能力的高低。事实上，微软公司的整个甄选和配置过程所要达到的目的就是发现最聪明的人，然后把他们安置到与他们的才能最为相称的工作岗位上去。微软对于求职者的总体智力状况要比对他们的工作经验更为看重。在很多时候，微软往往会拒绝那些在软件开发领域已经有过多年经验的求职者。相反，他经常到一些名牌大学的数学系或物理系去网罗那些智商很高的人才，即使这些人几乎没有什么直接的程序开发经验。

这种对逻辑推理能力和解决问题能力的重视，充分反映了微软公司所处的竞争环境、经营战略及企业文化的要求。也就是说，软件开发领域是处于经常性变化之中的，这就意味着在过去拥有多少技能远不如是否有能力开发新技能显得重要。因此，微软的战略就是承认条件是在变化着的，然后以最快的速度去适应变化了的条件，从而以比竞争对手更为敏捷的变化来取得竞争优势。这就导致在公司中形成了一种极力提倡活跃的智力思考文化。在这种文化氛围中，那些思维不够敏捷的人可能从来都不会感到自在，有人将这种文化称为精英文化，甚至是狂妄自大者的文化。

在微软公司，人员甄选与配置被视为一项非常重要的工作。在招募新员工及对求职者进行面试的时候，高层决策者亲自参与。盖茨认为，智力和创造力往往是天生的，企业很难在雇用了某人之后再使其具有这种能力。盖茨曾声称，"如果把我最优秀的 20 名员工拿走，那么微软将会变成一个不怎么起眼的公司。"这就明确地证实了人才对于微软过去的成功及其未来的竞争战略所具有的核心作用。

6.3　团队建设

项目团队建设是提高工作能力，促进团队成员互动，改善团队整体氛围，以提高项目绩效的过程。本过程的主要作用是：改进团队协作，增强人际关系技能，激励团队成员，降低人员离职率，提升整体项目绩效。

6.3.1　团队建设目标

建设高效的项目团队是项目经理的主要职责之一。项目经理应创建一个能促进团队协作的环境。可通过给予挑战与机会、提供及时反馈与所需支持，以及认可与奖励优秀绩效，从而不断激励团队。可通过开展开放与有效沟通、创造团队建设机遇、建立团队成员间的信任、以建设性方式管理冲突，以及鼓励合作型的问题解决和决策制定方法，从而实现团队的高效运行。项目经理应该请求管理层提供支持，并对相关干系人施加影响，以便获得建设高效项目团队所需的资源。

具体来说，团队建设的目标有以下 3 个。

（1）提高团队成员的知识和技能，以提高他们完成项目可交付成果的能力，并降低成本、缩短工期和提高质量。

（2）提高团队成员之间的信任和认同感，以提高士气、减少冲突和增进团队协作。

（3）创建富有生气、凝聚力和协作性的团队文化，以便①提高个人和团队效率，振奋团队精神，促进团队合作；②促进团队成员之间的交叉培训和辅导，以分享知识和经验。

6.3.2　团队发展阶段与领导风格

团队建设是一个持续性过程，对项目成功至关重要。团队建设固然在项目前期必不可少，但它更是个永不完结的过程。项目环境的变化不可避免，要有效应对这些变化，就需要持续不断地开展团队建设。

有一种关于团队发展的模型叫塔克曼阶梯理论（Tuckman，1965；Tuckman 和 Jensen，1977），其中包括团队建设通常要经过的五个阶段。尽管这些阶段通常按顺序进行，然而，团队停滞在某个阶段或退回到较早阶段的情况也并非罕见。如果团队成员曾经共事过，项目团队建设也可跳过某个阶段。

（1）形成阶段

在本阶段，团队成员相互认识，并了解项目情况及他们在项目中的正式角色与职责。团队成员倾向于相互独立，不一定开诚布公。团队成员在这一阶段都有许多疑问：项目的目的是什么？其他团队成员是谁？他们怎么样？每个人急于知道自己能否与其他成员合得来，能否被接受。由于无法确定其他成员的反应，他们会犹豫不决，甚至有焦虑的情绪。

为减轻成员的焦虑，项目经理要探讨他对项目团队中人员的工作及行为的管理方式和期望，需要使团队着手一些起始工作，例如，让团队成员参与制订项目计划等。在这个阶段，项目经理的领导风格应该是指导型的。

（2）震荡阶段

在本阶段，团队开始从事项目工作，制定技术决策和讨论项目管理方法。如果团队成员不能用合作和开放的态度对待不同观点和意见，团队环境可能变得事与愿违。

在振荡阶段，项目经理仍然要进行指导，这是项目经理创造一个充满理解和支持的工作环境的好时机，要允许成员表达他们所关注的问题。项目经理要致力于解决矛盾，绝不能希望通过压制来使其自行消失。如果团队成员有不满情绪而不能得到解决，这种情绪就会不断聚集，导致项目团队的振荡，将项目的成功置于危险之中。在这个阶段，项目经理的领导风格应该是影响型的。

（3）规范阶段

在规范阶段，团队成员开始协同工作，并调整各自的工作习惯和行为来支持团队，团队成员开始相互信任。

在本阶段，项目经理应尽量减少指导性工作，给予团队成员更多的支持，使工作进展加快，效率提高；项目经理应经常对项目团队所取得的进步给予公开的表扬，培育团队文化，注重培养成员对团队的认同感、归属感、努力营造出相互协作、相互帮助、相互关爱、勇于奉献的精神氛围。在这个阶段，项目经理的领导风格应该是参与型的。

（4）成熟阶段

进入这一阶段后，团队就像一个组织有序的单位那样工作。团队成员之间相互依靠，平稳高效地解决问题。这一阶段的工作效率很高，团队有集体感和荣誉感，信心十足。项目团队能开放、坦诚、及时地进行沟通。

在本阶段，项目经理应完全授权，赋予团队成员权力。此时项目经理的工作重点是帮助团队执行项目计划，并对团队成员的工作进程和成绩给予表扬。在这一阶段，项目经理集中注意关于预算、进度计划、工作范围及计划方面的项目业绩。如果实际进程落后于计划进程，项目经理的任务就是协助支持修正方案的制定与执行，同时，项目经理在这一阶段也要做好培养工作，帮助团队成员获得自身职业上的成长和发展。在这个阶段，项目经理的领导风格应该是授权型的。

（5）解散阶段

在解散阶段，团队完成所有工作，团队成员离开项目。通常在项目可交付成果完成之后，再释放人员，解散团队。到了此阶段，团队成员建立了忠诚和友谊，甚至可能建立超出工作范围的友谊。

某个阶段持续时间的长短，取决于团队活力、团队规模和团队领导力。项目经理应该对团队活力有较好的理解，以便有效地带领团队经历所有阶段。

6.3.3　建设优秀的团队

建设优秀的项目团队是项目经理的主要职责之一，项目经理应该能够定义、建立、维护、激励、领导和鼓舞项目团队，使团队高效运行，并实现项目目标。

1. 团队建设中的常见问题

在项目团队建设过程中，容易出现如下问题。

（1）令人不解和困惑的组织结构。这容易造成管理混乱，沟通不流畅。

（2）团队管理者自身的问题。俗话说："上梁不正下梁歪，领导心思下属猜。"团队文化的源点在团队的"团长"身上，有什么样的团长就会有什么样的团队文化。如果团长自身就不够光明磊落，任人唯亲、喜欢阿谀奉承，贪图小恩小惠，就会给小人和庸人当道广开大门。

（3）团队中的"非组织性行为"占据了团队人际关系的主流。所谓"非组织性行为"是指在团队中跨越部门之间形成的一种私下的紧密关系。比如人力资源部的 A 与业务部的 B 以及与董事会的 C 可能在私下里就是一组"铁三角"关系。因为这种私下的亲近关系，在工作中往往会滋生超越企业文化和原则的工作利益关系。这种非组织性的"小团体"会为了巩固自己的地位，对贤能者进行排挤、打压、迫害，使整个团队里只存在差于自己及听自己话的人。

（4）团队文化对团队的管理方法不起支持作用。如果一个团队没有自己真正的文化，或者当这种文化尚且不牢固的时候，就不会令团队成员产生"心灵挂钩"，就不会有统一的步调。在这种情形下，一些不安分的团队成员或者是一个新进入团队的成员往往会自动跳出来，用个人的理念和行为把这个团队带向歧途，或者原本就不牢固的团队文化，在这个"英雄个人"的冲击下，变得更加不堪一击。如果这个新成员带来的是正能量，尚好；如果是负能量，则整个团队将会出现一个"隐性"的第二团长，拉帮结派，小团体对抗就不可避免。

（5）团队的评价标准缺少公平和透明。一个团队，正如手掌的"五指"，只有团结在"手掌"上的时候，才是一个有机的整体，才能形成真正的拳头，各有各的价值和贡献。而如果在论功行赏的时候，这种评价体系缺少公平和透明，无疑会引发"五指"争功。

（6）团队协作性差。"地方割据"，只顾自身或局部利益，不顾整体利益，要么"鸡犬之声相闻，老死不相往来"，能不打交道就不打交道；要么睚眦必报，整天冲突不断。

2. 团队精神培养

团队精神是大局意识、协作精神和服务精神的集中体现，核心是协同合作和凝聚力，共同承担项目责任，追求的是个体利益和整体利益的统一，并进而保证组织的高效率运转。团队精神的形成并不要求团队成员牺牲自我，相反，挥洒个性、表现特长保证了成员共同完成任务目标，而明确的协作意愿和协作方式则产生了真正的内心动力。团队精神是组织文化的一部分，良好的管理可以通过合适的组织形态将每个人安排至合适的岗位，充分发挥集体的潜能。如果没有正确的管理文化，没有良好的从业心态和奉献精神，就不会有团队精神。

在团队精神培养方面应该注意如下 6 点。

（1）高度的相互信任。团队精神的一个重要体现是团队成员之间高度的相互信任。每个团队成员都相信团队的其他人所做的和所想的事情是为了整个集体的利益，是为实现项目的目标和完成团队的使命而做的努力。

（2）强烈的相互依赖。团队精神的另一个体现是成员之间强烈的相互依赖。一个项目团队的成员只要充分理解每个团队成员都是不可或缺的项目成功重要因素之一，那么他们就会很好地相处和合作，并且形成相互真诚而强烈的依赖。这种依赖会形成团队的一种凝聚力，这种凝聚力就是团队精神的最好体现。

（3）统一的共同目标。团队精神最根本的体现是全体团队成员具有统一的共同目标。在这种情况下，项目团队的每位成员会强烈地希望为实现项目目标而付出自己的努力。因为在这种情况下，项目团队的目标与团队成员个人的目标是相对一致的，所以大家都会为共同的目标而努力。这种团队成员积极地为项目成功而付出时间和努力的意愿就是一种团队精神。例如，为使项目按计划进行，必要时愿意加班、牺牲周末或午餐时间来完成工作。

（4）全面的互助合作。团队精神还有一个重要的体现是全体成员的互助合作。当人们能够全面互助合作时，他们之间就能够进行开放、坦诚而及时的沟通，就不会羞于寻求其他成员的帮助，团队成员们就能够成为彼此的力量源泉，大家都会希望看到其他团队成员的成功，都愿意在其他成员陷入困境时提供自己的帮助，并且能够相互做出和接受批评、反馈和建议。有了这种全面的互助合作，团队就能在解决问题时有创造性，并能够形成一个统一的整体。

（5）关系平等与积极参与。团队精神还表现在团队成员的关系平等和积极参与上。一个具有团队精神的项目团队，它的成员在工作和人际关系上是平等的，在项目的各种事务上大家都有一定的参与权。一个具有团队精神的项目团队多数是一种民主的和分权的团队，因为团队的民主和分权机制使成员能够以主人翁或当事人的身份去积极参与项目的各项工作，从而形成团队合作和团队精神。

（6）自我激励和自我约束。团队精神还更进一步体现在全体团队成员的自我激励与自我约束上。项目团队成员的自我激励和自我约束使得项目团队能够协调一致，像一个整体一样去行动，从而表现出团队的精神和意志。项目团队成员的这种自我激励和自我约束，使得一个团队能够统一意志、统一思想和统一行动。这样团队成员们就能够相互尊重，重视彼此的知识和技能，并且每位成员都能够积极承担自己的责任，约束自己的行为，完成自己承担的任务，实现整个团队的目标。

3．团队建设过程

团队建设过程因企业文化而异，因项目类型和规模而异，在建设软件项目团队时，可以参考如下一些常见工作过程：

（1）拟定团队建设计划；

（2）选择那些既具有技术专长又有可能成为现实团队成员的候选人；

（3）组织团队，根据成员各自特长分派合适的任务，并实施责任矩阵；

（4）确保项目的目标与团队成员的个人目标相一致；

（5）建立工作关系和联系方式，建立良好的工作氛围和沟通渠道；

（6）民主和充分授权；

（7）绩效评估，并认可与奖励。在建设项目团队过程中，需要对成员的优良行为给予认可与奖励。项目经理应该在整个项目生命周期中尽可能地给予表彰，而不是等到项目完成时。

6.3.4　人员培训与开发

团队建设是实现项目目标的重要保证，而项目成员的培养和开发是项目团队建设的基础，项目组织必须重视对员工的培训和开发工作。通过对成员的培训与开发，可以提高项目团队的综合素质、工作技能和技术水平。同时也可以通过提高项目成员的技能，提高项目成员的工作满意度，降低项目成员的流动比例和人力资源管理成本。

1．人员培训

培训包括旨在提高项目团队成员能力的全部活动。培训可以是正式或非正式的。培训方式包括课堂培训、在线培训、计算机辅助培训、在岗培训（由其他项目团队成员提供）、辅导及训练。如果项目团队成员缺乏必要的管理或技术技能，可以把对这种技能的培养作为项目工作的一部分。应该按人力资源管理计划中的安排来实施预定的培训。也应该根据管理项目团队过程中的观察、交谈和项目绩效评估的结果，来开展必要的计划外培训，培训成本通常应该包括在项目预算中，或者由执行组织承担，如果增加的技能有利于未来的项目。培训可以由内部或外部培训师来执行。

表 6-3　　　　　　　　　　　　　　　　培训计划

序号	培训内容	培训讲师	培训目的	培训对象	责任人
1	项目管理概述 项目管理计划	小 W X 总	掌握统一的项目管理过程	全体成员	项目经理
2	项目开发过程 需求分析方法	设计师	掌握需求分析方法、工具和模板	全体成员	项目经理
3	产品知识培训	架构师	掌握项目必需的业务和技能	全体成员	项目经理
4	项目工具培训	小 W	熟悉项目开发和管理的专用工具	全体成员	项目经理

2．人员开发

人员开发是指为员工今后的发展而开展的正规教育、在职体验、人际互助及个性和能力的测评等活动。软件项目成员作为知识型员工，对于人员开发有着更高的积极性。

（1）正规教育。正规教育包括专门为员工设计的脱产和在职培训计划。这些计划包括专家讲座、仿真模拟、冒险学习及与客户会谈等。

（2）在职体验。在职体验指员工体验在工作中面临的各种关系、难题、需求、任务及其他事项，主要用于员工过去的经验和技能与目前工作所要求的技能不匹配，必须拓展他的技能的情况。在职体验可以采取的途径包括扩大现有工作内容、工作轮换、工作调动、晋升、降级、临时安排到其他公司工作等。

（3）人际互助。员工可以通过与组织中更富有经验的其他员工之间的互动互助来开发自身的技能，以及增加有关公司和客户的知识。可以采用导师指导和教练辅导两种方式。

6.4　团队管理

管理项目团队是跟踪团队成员工作表现，提供反馈，解决问题并管理团队变更，以优化项目绩效的过程。本过程的主要作用是：影响团队行为，管理冲突，解决问题，评估团队成员的绩效，并给予激励。

管理项目团队需要借助多方面的管理技能，来促进团队协作，整合团队成员的工作，从而创建高效团队。进行团队管理，需要综合运用各种技能，特别是沟通、冲突管理、谈判和领导技能。项目经理应该向团队成员分配富有挑战性的任务，并对优秀绩效进行表彰。

6.4.1　团队管理方法

常见的软件项目团队管理方法有以下几种。

1．观察和交谈

可通过观察和交谈，随时了解项目团队成员的工作和态度。项目管理团队应该监督项目可交付成果的进展，了解团队成员引以为荣的成就，了解各种人际关系问题。

2．项目绩效评估

在项目过程中进行绩效评估的目的包括澄清角色与职责，向团队成员提供建设性反馈，发现未知或未决问题，制定个人培训计划，以及确立未来目标。

3．冲突管理

成功的冲突管理可提高生产力，改进工作关系。如果管理得当，意见分歧有利于提高创造力和改进决策。假如意见分歧成为负面因素，应该首先由项目团队成员负责解决。如果冲突升级，项目经理应提供协助，促成满意的解决方案。项目经理解决冲突的能力，往往在很大程度上决定了其管理项目团队的成败。不同的项目经理可能采用不同的解决冲突方法。关于冲突管理更多内容，见下一章"沟通管理"。

4．人际关系技能

项目经理应该综合运用技术、人际和概念技能来分析形势，并与团队成员有效互动。恰当地使用人际关系技能，可充分发挥全体团队成员的优势。例如，项目经理最常用的人际关系技能包括以下 3 项。

（1）领导力。成功的项目需要强有力的领导技能。领导力在项目生命周期中的所有阶段都很重要。有多种领导力理论，定义了适用于不同情形或团队的领导风格。领导力对沟通愿景及鼓舞项目团队高效工作十分重要。

（2）影响力。在矩阵环境中，项目经理对团队成员通常没有或仅有很小的命令职权，所以他们具有一定影响干系人的能力，对保证项目成功非常关键。

（3）有效决策。包括谈判能力，以及影响组织与项目管理团队的能力。

可用如下指标来检测团队管理的有效性，见表 6-4。

表 6-4　　　　　　　　　　团队有效性检测表

团队有效性指标	差		中		好	
1．团队对其目标有明确的理解吗？	1	2	3	4	5	6
2．项目工作内容、质量标准、预算及进度计划有明确规定吗？	1	2	3	4	5	6
3．每个成员都对自己的角色及职责有明确的期望吗？	1	2	3	4	5	6
4．每个成员对其他成员的角色及职责有明确的期望吗？	1	2	3	4	5	6
5．你的团队是目标导向型的吗？	1	2	3	4	5	6

续表

团队有效性指标	差		中		好	
6. 每个成员是否强烈希望为实现项目目标做出努力？	1	2	3	4	5	6
7. 你的团队有热情和力量吗？	1	2	3	4	5	6
8. 你的团队是否有高度的合作互助？	1	2	3	4	5	6
9. 你的团队是否经常进行开放、坦诚而及时的沟通？	1	2	3	4	5	6
10. 成员是否能不受拘束地寻求别人的帮助？	1	2	3	4	5	6
11. 团队成员是否能做出反馈和建设性的批评？	1	2	3	4	5	6
12. 团队成员是否能接受别人的反馈和建设性的批评？	1	2	3	4	5	6
13. 项目团队成之间是否有高度的信任？	1	2	3	4	5	6
14. 成员是否能完成他们做或想做的事情？	1	2	3	4	5	6
15. 成员不同的观点能否公开？	1	2	3	4	5	6
16. 成员能否相互承认并接受差异？	1	2	3	4	5	6
17. 团队能否建设性地解决冲突？	1	2	3	4	5	6

6.4.2　团队激励

在项目管理中，项目经理应当了解项目成员的需求和职业生涯设想，以便对其进行有效的激励和表扬，让大家心情舒畅地工作，才能取得好的效果。激励机制在团队建设中十分重要。如果一个项目经理不知道如何激励团队成员，便不能胜任项目管理工作。

1．激励理论

激励是影响人们的内在需要或动机，从而加强、引导和维持行为的一个反复的过程。在管理学中，激励是指管理者促进下属形成动机，并引导其行为指向特定目标的活动过程。人们提出了很多的激励理论，这些理论各有不同的侧重点。

（1）马洛斯的需求层次理论

人类在生活中会有各种各样的需要，例如，生存的需要、心理的需要、满足自尊、获得成就、实现自我等各种需要，都能成为一定的激励因素，而导致人们一定的行为或行为结果的发生。马斯洛把人类需要分为 5 个层次，如图 6-6 所示。

① 生理需要——维持人类自身生命的最基本需要，如吃、穿、住、行、睡等；

② 安全需要——如就业工作、医疗、保险、社会保障等；

③ 社会需要——人们希望得到友情，被他人接受，成为群体的一分子；

④ 尊重需要——个人自尊心，受他人尊敬及成就得到承认，对名誉、地位的追求等；

⑤ 自我实现需要——人类最高层次的需要，追求理想、自我价值、使命感，创造性和独立精神等。

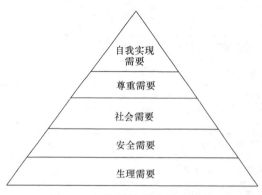

图 6-6　马洛斯的需求层次理论

马斯洛将这 5 种需要划分为高低两级。生理需要和安全需要称为较低级需要，而友爱与归属需要、尊重需要与自我实现需要称为较高级的需要。高级需要是从内部使人得到满足，低级需要则主要是从外部使人得到满足。马斯洛建立的需求层次理论表明，人的需要可按等级层次向上或向下移动，当一个层次的需要被满足之后，这一需要就不再是激励的因素了，而更高层次的需要就成为新的激励因素。有效管理者或合格项目经理的任务，就是去发现员工的各种需要，从而采取各种有效的措施或手段，促使员工去满足一定的需要，从而产生与组织目标一致的行为，因而发挥员工最大的潜能，即积极性。

马斯洛的理论特别得到了实践中的管理者的普遍认可，这主要归功于该理论简单明了、易于理解、具有内在的逻辑性。但是，正是由于这种简洁性，也提出了一些问题，例如，这样的分类方法是否科学等。其中，一个突出的问题就是这种需要层次是绝对的高低还是相对的高低？马斯洛理论在逻辑上对此没有回答。

心理学家赫茨伯格在马斯洛需要层次理论研究基础上提出了双因素理论，他把人的需要因素分为两大类：保健因素和激励因素，如图 6-7 所示。保健因素相当于马斯洛理论的生理和安全两个物质层次的需要，激励因素相当于马斯洛理论社会、尊重和自我实现三个心理层次的需要。类似的还有 ERG 理论和成就需要理论等。

保健因素 （防止员工产生不满情绪）	激励因素 （激励员工的工作热情）
工资 监督 地位 安全 工作环境 政策与管理制度 人际关系	工作本身 赏识 提升 成长的可能性 责任 成就

图 6-7　赫茨伯格的双因素理论

（2）期望理论

相比较而言，对激励问题进行比较全面研究的是激励过程的期望理论。期望理论是由耶鲁大学弗鲁姆教授提出的，1964 年在《工作与激励》一书中他提出一个激励过程公式，即：

$$动力（激励力量）=效价×期望值$$

其中，效价是个人对于某一成果的价值估计；期望值是指通过某种行为会导致一个预期成果的概率和可能性。当一个人对某目标毫无兴趣时，其效价为零。

期望理论认为，只有当人们预期到某一行为能给个人带来有吸引力的结果时，个人才会采取特定的行动。它对于组织通常出现的这样一种情况给予了解释，即面对同一种需要及满足同一种需要的活动，为什么不同的成员会有不同的反应，有的人情绪高昂，而另一些人却无动于衷呢？

根据这一理论的研究，员工对待工作的态度依赖于对下列 3 种联系的判断。

① 努力与绩效的联系，即员工感觉到通过一定程度的努力而达到工作绩效的可能性。如需要付出多大努力才能达到某一绩效水平？我是否真能达到某一绩效水平？概率有多大？

② 绩效与奖赏的联系，即员工对于达到某一绩效水平后，会得到什么奖赏？

③ 奖赏与个人目标的联系，即如果工作完成，员工所获得的潜在结果或奖赏对他的重要性程度。如这一奖赏能否满足个人的目标？吸引力有多大？

期望理论的基础是自我利益，他认为每一个员工都在寻求获得最大限度的自我满足。期望理论的核心是双向期望，管理者期望员工的行为，员工期望管理者的奖赏。期望理论的假说是管理者知道什么对员工最有吸引力。期望理论的员工判断依据是员工个人的知觉，而与实际情况关系不大。不管实际情况如何，只要员工以自己的知觉确认自己经过努力工作就能达到所要求的绩效，达到绩效后就能得到具有吸引力的奖赏，他就会努力工作。

（3）公平理论

公平理论（也称为社会比较理论）是美国心理学家亚当斯 1963 年提出的。他认为人们都有要求公平对待的感觉。员工不仅会把自己的努力与所得报酬做比较，而且还会把自己和其他人或群体做比较，并通过增减自己付出的努力或投入的代价，来取得他们所认为的公平与平衡。

公平理论给管理者的启示有如下 3 点。

● 用报酬或奖励来激励员工时，一定要使员工感到公平合理。

● 应注意横向比较。不仅是本部门，还要考虑各平行部门及社会环境中其他类似行业单位。这在制定工资结构和工资水平决策及奖励时要特别考虑。

● 公平理解是心理感觉，管理者要注意沟通。

还应指出的是，职工的某些不公平感可以忍耐一时，但时间长了，一件明显的小事也会引起强烈的反应。

2. 激励因素

激励因素是指诱导一个人努力工作的东西或手段。激励因素可以是某种报酬或者鼓励，也可以是职位的升迁或者工作任务和环境的变化。激励因素是一种手段，用来调和各种需要之间的矛盾，或者强调组织所希望的需要而使它比其他需要优先得到满足。

（1）物质激励

物质激励的主要形式是金钱，虽然薪金作为一种报酬已经赋予了员工，但是金钱的激励作用仍然是不能忽视的。实际上，薪金之外的鼓励性报酬、奖金等，往往意味着比金钱本身更多的价值，是对额外付出、高质量工作、工作业绩的一种承认。一般来说，对于急需钱的人，金钱可以起到很好的激励作用；而对另外的一些人，金钱的激励作用可能很有限，比如当员工渴望职业发展和获得别人尊重时，他对金钱的评价是较低的。

（2）精神激励

随着人们需求层次的提升，精神激励的作用越来越大，在许多情况下，可能成为主要的激励手段。

① 参与感。作为激励理论研究的成果和一种受到强力推荐的激励手段，"参与"被广泛应用到项目管理中。让团队成员合理地"参与"到项目中，既能激励每个成员，又能为项目的成功提供保障。实际上，"参与"能让团队成员产生归属感和成就感，以及一种被需要的感觉，这在软件项目中是尤其重要的。

② 发展机遇。是否在项目过程中获得发展的机遇，是项目团队成员关注的另一个问题。项目团队通常是一个临时性的组织，成员往往来自不同的部门，甚至是临时招聘的，而项目结束后，团队多数被解散，团队成员面临回原部门或者重新分配工作的压力，因此，在参与项目的过程中，其能力是否得到提高，是非常重要的。如果能够为团队成员提供发展的机遇，可以使团队成员通过完成项目工作或者在项目过程中经受培训而提高自身的价值，这就成为一种很有效的激励手段，特别是在软件行业，发展机遇多往往会成为一些员工的首要激励因素。

③ 工作乐趣。软件项目团队成员是在一个不断发展变化的领域中工作。由于项目的一次性特点，项目工作往往带有创新性，而且技术也在不断地进步，工作环境和工具平台也不断更新，如果能让项目团队成员在具有挑战性的工作中获得乐趣和满足感，也会产生很好的激励作用。

④ 荣誉感。每个人都渴望获得别人的承认和赞扬，使项目团队成员产生成就感、荣誉感、归属感，往往会满足项目团队成员更高层次的需求。作为一种激励手段，在项目过程中更需要注意的是公平和公正，使每个成员都感觉到他的努力总是被别人所重视和接受的。

3. 彼得原理与激励

彼得原理是美国学者劳伦斯·彼得在对组织中人员晋升的相关现象研究后得出的一个结论：在各种组织中，雇员总是趋向于被晋升到其不称职的地位。彼得原理有时也被称为"向上爬"理论。这种现象在现实生活中无处不在：一名称职的教授被提升为大学校长后无法胜任；一个优秀的运动员被提升为主管体育的官员，导致无所作为。对一个组织而言，一旦相当部分人员被推到其不称职的级别，就会造成组织的人浮于事，效率低下，导致平庸者出人头地，发展停滞。将一名职工晋升到一个无法很好发挥才能的岗位，不仅不是对本人的奖励，反而使其无法很好发挥才能，也会给组织带来损失。

4. IBM 的激励机制

IBM 拥有 26 万名员工，其中一半以上是大学毕业生。IBM 公司没有工会，但每个员工都能全心全意地为公司工作尽忠职守，从不懈怠，这是因为 IBM 公司制定了一套让员工充分施展才华、发挥作用的完整措施。IBM 公司推行"开门制"，公司设立一条非同寻常的开明规定：任何职工如果感到自己受到了不公平的待遇，可以向主管经理投诉，如果得不到满意的答复，还可以越级上诉，直到问题圆满解决为止。IBM 公司非常注意发挥员工的才能，如果员工对本职工作不感兴趣，公司可以为其更换工作；如果员工在工作中出现差错，公司也尽量创造机会使其改正，从不采取解雇员工的消极手段处理问题。IBM 公司实行的是终身雇佣制，这就消除了员工的后顾之忧，使其工作有安全感和归属感。IBM 公司取消了计件工资的计酬办法，他不相信所谓绝对的工作标准，而只是期望每位员工都尽心尽力，这使员工保持了本身的尊严，使公司内的工作气氛非常民主。正因为如此，IBM 公司的每位员工对公司产生了忠心耿耿，产生了忘我的工作热情。乐观、热诚、进取是 IBM 公司多年来形成的企业精神，正是靠这种精神的支撑，IBM 公司获得了一个又一个的胜利。

6.5　案例研究

案例一　Google 重视团队合作精神

Google 是一个崇尚技术的世界顶级互联网公司，它的公司文化被人们称为"工程师文化"。这意味着 Google 十分注重团队成员的技术水平和创新能力。但 Google 的所谓"工程师文化"决不是唯技术主义。事实上，宽容精神、合作精神等价值观层面的东西在 Google 文化中居于相当重要的地位。Google 全球高级副总裁、Google 中国工程研究院总裁李开复上任伊始就在国内招聘了 50 名高校毕业生。他们中有 40 多名是硕士、博士，也有少量优秀的本科生。据李开复讲，这些人大部分来自计算机专业，也有学软件、电子的，甚至还有学化学的。李开复在回答记者关于他们招聘时考核应聘者哪些方面的能力这一问题时说，"最看重的是编程能力、创新能力与价值观。"有较多的应聘者由于其价值观不符合 Google 的文化而落选。他还举了两个例子。一个是，一位学生在 Google 的考试中几乎得了满分，但由于面试时这位学生却经常表现出不耐烦而最后没有被录用。另一个是，有一位大牌教授，他在自己所属的专业领域里绝对是权威。李开复曾经游说过这位教授加入 Google。可惜面试时这位教授过于傲慢。考官团深信这位大教授进入 Google 后也不会平等地对待公司的员工，因而最后劝李开复放弃了这位教授。李开复说："显然，Google 不需要那些不符合公司文化的天才。"他还告诉记者，招聘结束后就进行新员工的培训，"核心是让学生们（指新员工）理解团队合作的价值，从此能够在不伤别人自尊的前提下坦诚沟通，能够容忍失败，能够倾听与包容。"

【案例问题】

1. Google 是如何组建自己的团队的？
2. 根据本案例，你认为组建优秀团队的关键是什么？
3. Google 的人力资源管理策略带给你什么启发？

案例二　微软鼓励团队合作，废弃员工排名

2013 年 11 月 12 日，微软向全体员工宣布，他将会废弃"员工大排名"制度。该公司人力资源部主管莉莎-布鲁梅尔（Lisa Brummel）通过电子邮件向员工通告了这一变化。

布鲁梅尔称，从此以后，微软再也不会实行"员工大排名"了。

其他公司，包括亚马逊、Facebook 和雅虎，都有自己的员工排名制度，旨在淘汰"表现最差的"员工。但是，只有微软因为员工排名制度遭到了媒体的批评。

在 2012 年，《名利场》（Vanity Fair）发表了题为《微软失去的十年》（Microsoft's Lost Decade）的文章，就员工排名制度旗帜鲜明地批评了微软及其 CEO 史蒂夫-鲍尔默（Steve Ballmer）。微软通过这种制度将其员工分为卓越、优秀、一般和差四个等级。

布鲁梅尔称，改变员工排名的做法符合该公司"一个微软"（One Microsoft）的哲学理念和战略定位。在将来评估员工的时候，团队合作和协作将放到更重要的位置上。

下面是布鲁梅尔发给微软员工的电子邮件内容：

致全球员工：

我很高兴宣布我们正在改革我们的绩效考核计划，以期使之更符合我们"一个微软"的战略目标。在我们公司上下齐心协力给消费者提供创新产品和价值的过程中，这种变革显得非常必要。

这是一项全新的绩效考核和员工发展计划，旨在提升团队协作程度和公司灵敏度。在过去几年中，我们已从数千名员工那里获得了反馈信息，考察了很多其他公司的相关计划和做法，并努力确保我们的反馈机制支持我们的公司目标。这项变革是我们的一项重要举措，旨在继续为我们世界一流的员工们提供最好的工作环境，让你们迎接最艰难的挑战，做出改变世界的壮举。

下面是新绩效考核和员工发展计划的要点：

更强调团队精神和协作。我们对于良好业绩的定义更具体了，除了本职工作评价外，我们还关注三个因素：你如何采纳别人的建议和想法，你如何帮助别人获得成功，以及你对于公司的发展发挥了怎样的影响力。

更强调员工成长和发展。通过名为 Connects 的流程，我们将能够获得更及时的反馈，发起更有意义的讨论，从而帮助员工不断学习、成长和出成果。我们会根据各个业务环节的节奏来设定时间进度，包括更灵活地选择讨论员工业绩和发展的时机和方式，而不是在整个公司上下执行统一的时间进度标准。我们的业务周期正在加快，我们的团队正在执行不同的工作计划，新的绩效考核和员工发展计划将会与此相适应。

不再统一分配奖金。我们将会继续拿出一大笔预算资金来奖励员工。但是，我们不会再实行统一的奖金分配政策。在奖励预算许可的范围内，经理和领导者将可以灵活地分配这些奖金，从而更好地反映出团队和个人的业绩。

不再实行员工排名制度。这将让我们关注重要的东西：更深入地理解我们发挥的影响力以及我们面临的发展机遇。

我们将会继续统一奖励计划与年度发展计划，因此奖金发放的时间不变；我们将会继续确保贡献最大的员工获得高额的报酬。

我们将会继续研究更合理的奖金分配办法。新的方法将能够让经理和领导更便捷地分配奖金，从而体现出员工和团队的独特贡献。

我期待着在全公司范围内推行新的方法。我们将从今天开始转变，你们在接下来的几天内将会接到你们领导的通知，他们会告诉你们业务转变的具体步骤。我们还与经理们进行了简短的交流，我们将继续给他们提供资源，以解答你们遇到的各种问题，支持你们适应新的方法。

我很高兴新的方法得到了高层领导和我所在的人力资源部门的支持，我希望也能得到你们的支持。只有齐心协力朝这个方向努力，我们才能够始终确保微软拥有全世界最理想的工作环境。

只要我们团结一心，实施"一个微软"战略，我们就没有做不成的事情。

莉莎

【案例问题】

1. 微软为什么要废弃"员工大排名"制度？
2. 微软实施的"一个微软"战略有何先进之处？
3. 根据本案例，你认为员工激励的关键是什么？

习题与实践

一、习题

1. 项目人力资源管理具有哪些作用？
2. 在大中型软件项目中，对人力资源的要求具有哪些特点？
3. 在项目团队发展过程中项目经理应该怎样做？
4. 简述影响组织选择的关键因素有哪些。

5. 团队建设中应该避免哪些误区？

6. 项目团队成员应该具备哪些素质？

7. 在项目的实施过程中如何才能很好地发挥项目团队协作精神？

8. 简述精神激励有哪些方法和手段。

二、实践

1. 了解帕金森定律在团队建设和管理方面的启示。

2. 上网搜索，了解世界优秀 IT 企业在团队组建、建设和管理方面的常见做法，分析其成功经验。

第7章
沟通管理

沟通是保持项目顺利进行的润滑剂，沟通失败常常是项目——特别是软件项目失败的主要原因之一。项目沟通管理包括为确保项目信息及时且恰当地规划、收集、生成、发布、存储、检索、管理、控制、监督和最终处置所需的各个过程。项目经理的大部分时间都用于与团队成员和其他干系人的沟通，无论这些成员或干系人是来自组织内部（位于组织的各个层级上）还是组织外部。有效的沟通在项目干系人之间架起一座桥梁，把具有不同文化和组织背景、不同技能水平、不同观点和利益的各类干系人联系起来。

7.1　干系人识别

项目干系人，也称为项目利益相关者，识别干系人是识别能影响项目决策、活动或结果的个人、群体或组织，以及被项目决策、活动或结果所影响的个人、群体或组织，并分析和记录他们的相关信息的过程。这些信息包括他们的利益、参与度、相互依赖、影响力及对项目成功的潜在影响等。本过程的主要作用是：帮助项目经理建立对各个干系人或干系人群体的适度关注。

7.1.1　干系人分析

干系人分析是系统地收集和分析各种定量与定性信息，以便确定在整个项目中应该考虑哪些人的利益。通过干系人分析，识别出干系人的利益、期望和影响，并把他们与项目的目的联系起来。干系人分析也有助于了解干系人之间的关系（包括干系人与项目的关系，干系人相互之间的关系），以便利用这些关系来建立联盟和伙伴合作，从而提高项目成功的可能性。在项目或阶段的不同时期，应该对干系人之间的关系施加不同的影响。

干系人分析通常应遵循以下步骤：

（1）识别全部潜在项目干系人及其相关信息，如他们的角色、部门、利益、知识、期望和影响力。关键干系人通常很容易识别，包括所有受项目结果影响的决策者或管理者，如项目发起人、项目经理和主要客户。通常可对已识别的干系人进行访谈，来识别其他干系人，扩充干系人名单，直至列出全部潜在干系人。

（2）分析每个干系人可能的影响或支持，并把他们分类，以便制定管理策略。在干系人很多的情况下，就必须对干系人进行排序，以便有效分配精力，来了解和管理干系人的期望。

（3）评估关键干系人对不同情况可能做出的反应或应对，以便策划如何对他们施加影响，提高他们的支持，减轻他们的潜在负面影响。

有多种分类模型可用于干系人分析，如：

① 权力/利益方格。根据干系人的职权（权力）大小及对项目结果的关注（利益）程度进行分类。

② 权力/影响方格。根据干系人的职权（权力）大小及主动参与（影响）项目的程度进行分类。

③ 影响/作用方格。根据干系人主动参与（影响）项目的程度及改变项目计划或执行的能力（作用）进行分类。

④ 凸显模型。根据干系人的权力（施加自己意愿的能力）、紧急程度（需要立即关注）和合法性（有权参与），对干系人进行分类。

图 7-1 是一个权力/利益方格的例子，用 A～H 代表干系人的位置。

图 7-1 干系人权力/利益方格示例

7.1.2 干系人登记册

干系人登记册是沟通管理中干系人识别的重要结果，它包含关于已识别的干系人的所有详细信息。应该包括如下内容：

（1）基本信息，如姓名、在组织中的职位、地点、在项目中的角色、联系方式等；

（2）评估信息，如主要要求、主要期望、对项目的潜在影响、与项目生命周期的哪个阶段最密切；

（3）干系人分类，如内部/外部，支持者/中立者/反对者等。

应定期查看并更新干系人登记册，因为在整个项目生命周期中干系人可能发生变化，也可能识别出新的干系人。

7.1.3　干系人管理计划

干系人管理计划是项目管理计划的组成部分，为有效调动干系人参与而规定所需的管理策略。根据项目的需要，干系人管理计划可以是正式或非正式的，详细或概括的。除了干系人登记册中的资料，干系人管理计划通常还包括：

- 关键干系人的所需参与程度和当前参与程度；
- 干系人变更的范围和影响；
- 干系人之间的相互关系和潜在交叉；
- 项目现阶段的干系人沟通需求；
- 需要分发给干系人的信息，包括语言、格式、内容和详细程度；
- 分发相关信息的理由，以及可能对干系人参与所产生的影响；
- 向干系人分发所需信息的时限和频率；
- 随着项目的进展，更新和优化干系人管理计划的方法。

项目经理应该意识到干系人管理计划的敏感性，并采取恰当的预防措施。例如，有关那些抵制项目的干系人的信息，可能具有潜在的破坏作用，因此对于这类信息的发布必须特别谨慎。更新干系人管理计划时，应审查所依据的假设条件的有效性，以确保该计划的准确性和相关性。

7.2　沟通管理规划

沟通管理规划是根据干系人的信息需要和要求及组织的可用资产情况，制定合适的项目沟通方式和计划的过程。本过程的主要作用是：识别和记录与干系人的最有效率且最有效果的沟通方式。

项目沟通规划对项目的最终成功非常重要。沟通规划不当，可能导致各种问题，例如，信息传递延误、向错误的受众传递信息、与干系人沟通不足，或误解相关信息。在大多数项目中，都是很早就进行沟通规划工作，例如在项目管理计划编制阶段。这样，就便于给沟通活动分配适当的资源，如时间和预算。

7.2.1　沟通需求分析

通过沟通需求分析，确定项目干系人的信息需求，包括所需信息的类型和格式，以及信息对干系人的价值。项目资源只能用来沟通有利于项目成功的信息，或者那些因缺乏沟通会造成失败的信息。进行沟通需求分析时需要明确以下 4 点：

（1）需要给哪些干系人发信息；

（2）谁需要什么样的信息；

（3）谁什么时候需要何种信息；

（4）如何将信息发送给不同的干系人。

7.2.2　沟通方式

可以使用多种沟通方式在项目干系人之间共享信息，可以大致分为以下三种方式：

（1）交互式沟通。在两方或多方之间进行多向信息交换。这是确保全体参与者对特定话题达成共识的最有效的方法，包括会议、电话、即时通信、视频会议等。

（2）推式沟通。把信息发送给需要接收这些信息的特定接收方。这种方法可以确保信息的发送，但不能确保信息送达接收方或接收方理解。推式沟通包括信件、备忘录、报告、电子邮件、传真、语音邮件、日志、新闻稿等。

（3）拉式沟通。用于信息量很大或接收者很多的情况。要求接收者自主自行地访问信息内容。这种方法包括企业内网、电子在线课程、经验教训数据库、知识库等。

项目干系人可能需要对沟通方法的选择展开讨论并取得一致意见。应该基于下列因素来选择沟通方式：沟通需求、成本和时间限制、相关工具和资源的可用性，以及对相关工具和资源的熟悉程度。

7.2.3　沟通模型

用于促进沟通和信息交换的沟通模型，可能因不同项目而异，也可能因同一项目的不同阶段而异。图 7-2 是一个基本的沟通模型，其中包括沟通双方，即发送方和接收方。媒介是指技术媒介，包括沟通模式，而噪声则是可能干扰或阻碍信息传递的任何因素。

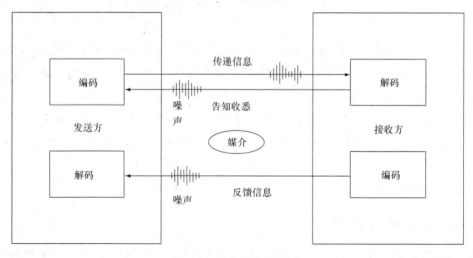

图 7-2　基本的沟通模型

基本沟通模型中的步骤如下。

（1）编码。发送方把思想或观点转化（编码）为语言。

（2）传递信息。发送方通过沟通渠道（媒介）发送信息。信息的传递可能受各种因素的干扰，如距离、不熟悉的技术、不合适的基础设施、文化差异和缺乏背景信息等。这些因素统称为噪声。

（3）解码。接收方把信息还原成有意义的思想或观点。

（4）告知收悉。接收到信息后，接收方需告知对方已收到信息（告知收悉），但这并不一定意味着同意或理解信息的内容。

（5）反馈/反应。对收到的信息进行解码并理解之后，接收方把还原出来的思想或观点编码成信息，再传递给最初的发送方。

在讨论项目沟通时，需要考虑沟通模型中的各个要素。作为沟通过程的一部分，发送方负责信息的传递，需确保信息的清晰性和完整性，需要确认信息已被正确理解。接收方负责确保完整地接收信息，正确地理解信息，并需要告知收悉或做出适当的回应。

7.2.4　沟通技术

沟通技术是指在沟通过程中使用的具体手段和工具，如谈话、会议、书面文件、在线资料查询等。常见的沟通技术及其特征如下。

1．会议沟通

会议沟通是一种成本较高的沟通技术，沟通的时间一般比较长，因此常用于解决较重大、较复杂的问题。例如，在以下的几种情景中宜采用会议沟通。

（1）需要统一思想或行动时（例如，项目建设思路的讨论、项目计划的讨论等）。

（2）需要当事人清楚、认可和接受时（例如，项目考核制度发布前的讨论等）。

（3）传达重要信息时（例如，项目里程碑总结活动、项目评审活动等）。

（4）澄清一些谣传信息，而这些谣传信息将对团队产生较大影响时。

（5）讨论复杂问题的解决方案时（例如，针对复杂的技术问题，讨论已收集到的解决方案等）。

2．Email（或书面）沟通

Email（或书面）沟通是一种比较经济的沟通技术，沟通的时间一般不长，沟通成本也比较低。在如今的计算机信息时代，Email 沟通已代替纸质书面沟通被广泛使用，这种沟通方法一般不受场地的限制，适用于解决较简单的问题或信息发布。以下的几种情景中宜采用 Email 沟通。

（1）简单问题小范围沟通时（例如，3～5 个人沟通一下产出物的最初评审结论等）。

（2）需要大家先思考、斟酌，短时间不需要或很难有结果时（例如，项目团队活动的讨论、复杂技术问题提前通知大家思考等）。

（3）传达非重要信息时（例如，分发项目状态周报告等）。

（4）澄清一些谣传信息，而这些谣传信息可能会对团队带来影响时。

3. 口头沟通

当面的口头沟通是一种自然、亲近的沟通技术，这种沟通方法往往能加深彼此之间的友谊、加速问题的冰释。在以下的几种情景中宜采用口头沟通。

（1）彼此之间的办公距离较近时（例如，两人在同一办公室）。

（2）彼此之间存有误会时。

（3）对对方工作不太满意，需要指出其不足时。

（4）彼此之间已经采用了 Email 沟通方式但问题尚未解决时。

4. 电话沟通

电话沟通是一种比较经济的沟通技术，以下的几种情景中宜采用电话沟通。

（1）彼此之间的办公距离较远，但问题比较简单时（例如，两人在不同的办公室需要讨论一个报表数据的问题等）。

（2）彼此之间的距离很远，很难或无法当面沟通时。

（3）彼此之间已经采用了 Email 的沟通方式但问题尚未解决时。

5. 即时通讯平台

即时通讯平台包括企业内部的即时通讯工具，也包括通用的即时通讯工具（如 QQ/MSN/微信）。这些即时通讯平台可以非常方便地完成文字、语音、视频及文件信息交换，并且能实时地进行沟通。如今软件项目启动后，相应的项目 QQ 群/微信群等会被建立。

即时通讯平台的优势有：①在与干系人沟通时能够达到提高工作效率的目的；②快速解决沟通问题；③与邮件、手机短信结合更是威力无穷。

7.2.5 沟通管理计划

沟通管理计划是项目管理计划的一部分或子计划，描述将如何对项目沟通进行规划，结构化和监控，该计划主要包含以下内容。

（1）干系人的沟通需求。

（2）需要沟通的信息，包括语言、格式、内容、详细程度。

（3）项目信息发布的原因。

（4）发布信息及告知收悉的时限和频率。

（5）沟通相关信息的负责人。

（6）信息接收的个人或组织。

（7）传达信息所需的技术或方法。

（8）为沟通活动分配的资源，包括时间和预算。

（9）问题升级程序，用于规定下层员工无法解决问题时的上报时限和上报路径。

（10）随项目进展，对沟通管理计划进行更新与优化的方法。

（11）通用术语表。

（12）项目信息流向图、工作流程（兼有授权顺序）、报告清单、会议计划等。

（13）沟通制约因素，通常来自特定的法律法规、技术要求和组织政策等。

沟通管理计划中还可包括关于项目状态会议、项目团队会议、网络会议和电子邮件信息等的指南和模板。沟通管理计划中也应包含对项目所用网络沟通平台和项目管理软件的使用说明。

7.3 沟通管理

沟通管理是根据沟通管理计划，生成、收集、分发、储存、检索及最终处置项目信息的过程。本过程的主要作用是：促进项目干系人之间实现有效率且有效果的沟通。

7.3.1 信息发布

信息发布就是以有用的格式及时地向项目干系人提供其所需要的信息，如绩效报告、可交付成果状态、进度进展情况和已发生的成本等信息。发布信息一方面需要满足沟通管理计划的要求，另一方面也需要对未列入沟通管理计划的临时信息需求做出应对。项目经理及其项目组必须确定何人在何时需要何种信息，并确定传递信息的最佳方式，以保证信息发布取得最佳效果。

信息发布可以通过项目干系人之间的沟通来实现。信息发送者依靠一定的沟通方法使信息正确无误地到达接收者，接收者依靠一定的沟通方法完整地接收信息并正确地理解信息。可见，有效的信息发布依赖于项目经理和项目组成员的良好的沟通方法。

项目组成员也可以通过信息发布系统发布各种项目信息。信息发布系统的组成部分包括项目会议、手工工程图纸/设计规范等技术文档系统、电子数据库、项目管理软件、传真、电子邮件、视频会议、项目内部网等。

7.3.2 干系人期望管理

干系人期望管理是指对项目干系人需要、希望和期望的识别，并通过沟通上的管理来满足其期望、解决其问题的过程。

不同的干系人对项目有不同的期望和需求，他们关注的目标和重点常常相去甚远。例如，业主也许十分在意时间进度，设计师往往更注重技术一流，政府部门可能关心税收，附近社区的公众则希望尽量减少不利的环境影响等。弄清楚哪些是项目干系人，他们各自的需求和期望是什么，这一点对项目管理者来说非常重要。只有这样，才能对干系人的需求和期望进行管理并施加影响，调动其积极因素，化解其消极影响，以确保项目获得成功。

在干系人期望管理过程中需要注意以下问题。

（1）在处理关注点和解决问题之后，可能需要对干系人管理计划进行更新。例如，确定某个干系人产生了新的信息需求。

（2）在干系人信息发生变化、识别出新干系人、原有干系人不再参与或影响项目，或者需要对特定干系人进行其他更新时，就需要更新干系人登记册。

（3）在识别出新问题或解决了当前问题时，就需要更新问题日志。

管理好干系人期望将会赢得更多人的支持，从而能够确保项目取得成功。具体来说，管理干系人期望能够带来以下好处。

（1）将会赢得更多的资源，通过项目干系人期望管理，能够得到更多有影响力的干系人的支持，自然会得到更多的资源。

（2）快速频繁的沟通将能确保对项目干系人需要、希望和期望的完全理解。

（3）能够预测项目干系人对项目的影响，尽早进行沟通和制定相应的行动计划，以免受到项目干系人的干扰。

7.3.3 沟通管理策略

管理沟通中的每个环节、每个阶段都存在干扰因素，必须要用有效沟通管理策略解决沟通中存在的问题，从而能顺利实现有效沟通。

有效沟通管理策略包括以下 9 个方面。

1．组织沟通环境优化

在管理沟通中，要想实现有效沟通，首先必须进行组织沟通的优化与检查，使组织内沟通渠道畅通，组织成员具备相关知识等，具体如下。

（1）组织成员必须具备沟通的相关知识，他们能把这些沟通知识运用到实践中去，相关沟通知识包括沟通的涵义、沟通种类、沟通网络、沟通可利用的各种媒介等。

（2）营造良好的组织氛围。营造一个支持性的值得信赖的和诚实的组织氛围，是任何改善管理沟通方案的前提条件。管理人员不应压制下属的感觉，而应有耐心处理下级的感觉和情绪。

（3）制定共同的目标。成员目标一致，能够同心协力为共同的目标而努力，也是许多上下级之间以及不同部门之间消除沟通障碍的有效途径。

2．检查和疏通管理沟通网络

组织要经常检查管理沟通的渠道是否畅通，发现问题要及时处理和疏通，以实现管理的有效沟通。需要检查的管理沟通渠道包括四类网络。

（1）属于政策、程序、规则和上下级之间关系的管理网络。

（2）解决问题、提出建议等方面的创新活动网络。

（3）包括表扬、奖赏、提升以及联系企业目标和个人所需事项在内的整合性网络。

（4）包括公司出版物、宣传栏等指导性网络。

3．明确管理沟通的目的

在进行沟通之前，信息发出者要明确进行沟通的目的。只有目的明确，才能在沟通时有的放矢，从而使信息接收者能很好地理解进而达到沟通的目的。但每次沟通的目的不能太多，沟通的范围集中，接收者才能注意力集中，从而使沟通顺利。

4．调整管理沟通风格，提升管理效率

在日常工作中，人们都有自己的沟通方式和风格。如果不同沟通风格的人在一起

工作，而彼此不能协调与适应的话，那么彼此不仅不能有效沟通，还会造成许多无谓的冲突和矛盾，阻碍管理工作的顺利进行。因此，沟通双方首先彼此要尊重和顺应对方的沟通风格，积极寻找双方利益相关的热点效应。其次，必须调整自己的沟通风格，要始终把握沟通风格的基本原则是：需要改变的不是他人，而是你自己。这方面的技巧主要有：

（1）感同身受。站在对方的立场来考虑问题，将心比心，换位思考，同时不断降低习惯性防卫。

（2）随机应变。根据不同的沟通情形与沟通对象，采取不同的沟通对策。

（3）自我超越。对自我的沟通风格及其行为有清楚的认知，不断反思、评估、调整并超越。

5. 管理沟通因人而异，慎重选择语言文字

信息发送者要充分考虑接收者的心理特点、知识背景等状况，因人而异地调整自己的谈话方式、措辞以及服饰表情等，慎重选择对方容易接受的词句，叙事条理清楚、做到言简意赅。

6. 建立反馈

许多沟通问题是由于接受者未能把握发送者的意思而造成的，因此沟通双方及时进行反馈，确保接受者能准确理解，这样就会减少这些问题的发生。

7. 避免管理沟通受到干扰

重要的信息应该在接收者能够全神贯注地倾听的时间段进行沟通，如果一个人在忙于工作，或在接听电话或者情绪低落时就不利于其接受信息，因为他有可能听不进去，或者误解。

8. 应恰当选择管理沟通的时机、方式和环境

组织进行管理沟通时，沟通的时机、方式和环境对沟通效果会产生重大影响。如人事任命，就宜采用公开的方式通过正式渠道进行传递，而有的消息更适合采用秘密的方式通过非正式渠道传播等。管理者应根据要传递的信息，对沟通的时间、地点、条件等都充分加以考虑。

9. 在组织中应建立双向沟通机制

传统的组织主要依靠单向沟通，即在组织内从上到下传递信息和命令，而下级无法表达自己的感觉、意见和建议。而如建议系统或申诉系统的向上沟通渠道对下级表达想法和建议时有很大帮助的，能增进管理沟通的效果。

7.4　沟通控制

沟通控制是在整个项目生命周期中对沟通进行监督和控制的过程，以确保满足项目干系人对信息的需求。本过程的主要作用是：随时确保所有沟通参与者之间的信息流动的最优化。

7.4.1　沟通障碍

沟通存在于项目中的各个环节。有效的沟通能为组织提供工作的方向、了解内部成员的需要、了解管理效能高低等，是搞好项目管理，实现决策科学化、效能化的重要保证。但是，在实际工作中，由于多方面因素的影响，信息往往被丢失或曲解，使得信息不能被有效地传递，从而造成沟通的障碍。在项目管理工作中，存在信息的沟通，也就必然存在沟通障碍。项目经理的任务在于正视这些障碍，采取一切可能的方法来消除这些障碍，为有效的信息沟通创造条件。一般来讲，项目沟通中的障碍主要有主观障碍、客观障碍和沟通方式障碍。

1．主观障碍

（1）个人的性格、气质、态度、情绪、见解等的差别，使信息在沟通过程中受个人素质、心理因素的制约。人们对人对事的态度、观点和信念不同造成沟通的障碍。在一个组织中，员工常常来自于不同的背景，有着不同的说话方式和风格，对同样的事物有着不一样的理解，这些都造成了沟通的障碍。

（2）知觉选择偏差所造成的障碍。接收和发送信息也是一种知觉形式。但是，由于种种原因，人们总是习惯接收部分信息，而摒弃另一部分信息，这就是知觉的选择性。知觉选择性所造成的障碍既有客观方面的因素，又有主观方面的因素。客观因素如组成信息的各个部分的强度不同，对接收者的价值大小不同等，会使一部分信息容易引人注意而被人接受，另一部分则被忽视。主观因素也与知觉选择时的个人心理品质有关。在接收或转述一条信息时，符合自己需要的、与自己有切身利害关系的，很容易听进去，而对自己不利的、有可能损害自身利益的，则不容易听进去。凡此种种，都会导致信息歪曲，影响信息沟通的顺利进行。

（3）经理人员和下级之间相互不信任。这主要是由于经理人员考虑不周，伤害了员工的自尊心，或决策错误所造成。相互不信任会影响沟通的顺利进行。

（4）沟通者的畏惧感及个人心理品质也会造成沟通障碍。在管理实践中，信息沟通的成败主要取决于上级与下级、领导与员工之间的全面有效的合作。但在很多情况下，这些合作往往会因下属的恐惧心理及沟通双方的个人心理品质而形成障碍。一方面，如果主管过分威严，给人造成难以接近的印象，或者管理人员缺乏必要的同情心，不愿体恤下情，都容易造成下级人员的恐惧心理，影响信息沟通的正常进行。另一方面，不良的心理品质也是造成沟通障碍的因素。

（5）信息传递者在团队中的地位、信息传递链、团队规模等因素也都会影响有效的沟通。许多研究表明，地位的高低对沟通的方向和频率有很大的影响。例如，人们一般愿意与地位较高的人沟通。

2．客观障碍

（1）信息的发送者和接收者如果在空间上距离太远、接触机会少，就会造成沟通障碍。社会文化背景不同，种族不同而形成的社会距离也会影响信息沟通。

（2）信息沟通往往是依据组织系统分层次逐渐传递的。然而，在按层次传达同一条信息时，往往会受到个人的记忆、思维能力的影响，从而降低信息沟通的效率。信息传递层次越多，它到达目的地的时间越长，信息失真率则越大，越不利于沟通。另外，组织机构庞大，层次太多，也会影响信息沟通的及时性和真实性。

3. 沟通方式障碍

（1）语言系统所造成的障碍。语言是沟通的工具，人们通过语言文字及其他符号等信息沟通渠道来沟通。但是语言使用不当就会造成沟通障碍。这主要表现为误解，这是由于发送者在提供信息时表达不清楚，或者表达方式不当，例如，措辞不当，丢字少句，空话连篇，文字松散，使用方言等，这些都会增加沟通双方的心理负担，影响沟通的进行。

（2）沟通方式选择不当，原则、方法使用过于死板所造成的障碍。沟通的形态往往是多种多样的，且它们都有各自的优缺点。如果不根据实际情况灵活地选择，则沟通就不能畅通地进行。

7.4.2　冲突管理

1. 冲突

冲突泛指各式各类的争议。一般所说的争议，指的是对抗、不搭调、不协调，甚至是抗争，这是冲突在形式上的意义。但在实质方面，冲突是指在既得利益或潜在利益方面的不平衡。既得利益是指目前所掌控的各种方便、好处、自由；而潜在利益则是指未来可以争取到的方便、好处、自由。

自古以来，人们的社会价值观不断强调："天时不如地利，地利不如人和"。"以和为贵"，使得人们以为冲突是可以消除的、可以避免的。然而，项目工作中的冲突是必然存在的，有不同的意见是正常的，应该接受。试图压制冲突是一个错误的做法，因为冲突也有其有利的一面，它让人们有机会获得新的信息，另辟蹊径，制订更好的问题解决方案，加强团队建设，同时也是学习的好机会。对冲突的理解在最近 20 年来发生了截然不同的转变。表 7-1 说明了传统的冲突观与现代冲突观的区别。

表 7-1　　　　　　　　　　　关于冲突的两种观点

传统观点	现代观点
冲突是可以避免的	在任何组织形态下，冲突是无法避免的
冲突是导因于管理者的无能	尽管管理者无能显然不利于冲突的预防或化解，但它并非冲突的基本原因
冲突足以妨碍组织的正常运作，致使最佳绩效无从获得	冲突可能导致绩效降低，亦可能导致绩效提高
最佳绩效的获得必须以消除冲突为前提	最佳绩效的获得有赖于适度冲突的存在
管理者的任务之一即是在于消除冲突	管理者的任务之一是将冲突维持在适当水准

2. 冲突来源

任何一种冲突都有来龙去脉，绝非突发事件，更非偶然事件，而是某一发展过程的结果。在项目过程中，冲突的来源主要包括以下几个方面。

（1）工作内容。关于如何完成工作、要做多少工作或工作以怎样的标准去完成会有不同意见，从而导致冲突。例如，在研制一个办公自动化系统时，是否采用电子签名技术，还是其他安全认证技术可能有不同的意见，这就是一个关于工作技术方面的冲突。

（2）资源分配。冲突可能会由于分配某个成员从事某项具体工作任务，或因为某项具体任务分配的资源数量和优先使用权而产生。例如，在一个软件项目中，有些成员可能想从事设计工作，因为这能给他拓展知识和能力的机会，但项目经理分配他编写代码，因而产生冲突。又如，某公司有 1 台非常先进的计算机，能进行很复杂的数据分析，几个项目团队需要同时利用这台计算机，以保证各自的进度计划，那么，哪个项目团队有优先使用权呢？

（3）进度计划。冲突可能来源于对完成工作的次序及完成工作所需时间长短的不同意见。例如，在软件项目的需求分析阶段，一个团队成员预计他完成工作需要 5 周的时间，但项目经理可能回答说："太长了，那样我们永远无法按时完成项目，你必须在 3 周内完成任务。"

（4）项目成本。项目实施时也经常会由于工作所需成本的多少产生冲突。例如，项目初期的成本估算，随着项目的推进和变化，可能需要客户追加投入成本，谁承担超支的费用可能会成为一个冲突。

（5）组织问题

有各种不同的组织问题会导致冲突，特别是在团队发展的振荡阶段。对项目经理建立关于文件记录工作及审批的某些规程有无必要，会有不同意见。

（6）个体差异

由于项目团队成员在个人价值及态度上存在差异而在团队成员之间产生冲突。在某个项目进度落后的情况下，如果某位项目成员晚上加班以使项目按计划进行，他就可能会反感另一个成员总是按时下班回家与家人一起吃晚饭。

3．影响冲突解决的因素

项目经理解决冲突的能力，往往在很大程度上决定其管理项目团队的成败。不同的项目经理可能采用不同的解决冲突方法。影响冲突解决方法的因素包括如下因素。

（1）冲突的相对重要性与激烈程度。

（2）解决冲突的紧迫性。

（3）冲突各方的立场。

（4）永久或暂时解决冲突的动机。

4．冲突解决方法

有五种常用的冲突解决方法。由于每种方法都有各自的地位和用途，以下所列没有特定顺序。

（1）撤退/回避。从实际或潜在冲突中退出，将问题推迟到准备充分的时候，或者将问题推给其他人员解决。

（2）缓和/包容。强调一致而非差异；为维持和谐与关系而退让一步，考虑其他方的需要。

（3）妥协/调解。为了暂时或部分解决冲突，寻找能让各方都在一定程度上满意的方案。

（4）强迫/命令。以牺牲其他方为代价，推行某一方的观点；只提供赢—输方案。通常是利用权力来强行解决紧急问题。

（5）合作/解决问题。综合考虑不同的观点和意见，采用合作的态度和开放式对话引导各方达成共识和承诺。

7.4.3　沟通的艺术

沟通是一门学问，更是一门艺术，在软件项目管理中，我们讲究沟通艺术，减少沟通障碍和冲突，需要注意以下几点。

（1）以诚相待。要有与人为善、与人为友的胸怀和心态。

（2）民主作风。能虚心倾听干系人的意见，积极创造畅所欲言的气氛。

（3）保持平等地位。避免居高临下，以教训人的口气，要设身处地为对方着想。

（4）学会聆听。要耐心地听对方讲话，不要随便插话和打断对方讲话。

（5）以讨论和商量的方式进行双向沟通。这种方式可以增加沟通的亲和力，并提高沟通效率。

（6）要了解项目组成员。如性格、心理状态、态度、需要的价值取向等信息。

7.5　案例研究

案例一　IBM 内部的沟通渠道

IBM 内部的人事沟通渠道可分为三类：①员工—直属经理；②员工—越级管理阶层；③其他渠道。

"员工—直属经理"的沟通是很重要的一条沟通渠道，其主要形式是：每年由员工向直属经理提交工作目标，直属经理定期考核检查，并把考评结果作为员工的加薪依据。IBM 的考评结果标准有 5 级：未能执行的是第五级；达到既定目标的是第四级；执行过程中能通权达变、完成任务的是第三级；在未执行前能预知事件变化并能做好事前准备的为第二级；第一级的考绩，不但要达到第二级的工作要求，其处理过程还要能成为其他员工的表率。

"员工—越级管理阶层"的沟通有四种形态：其一是"越级谈话"，这是员工与越级管理者一对一的个别谈话；其二是人事部安排，每次由 10 名左右的员工与总经理面谈；其三是高层主管的座谈；其四是 IBM 最重视的"员工意见调查"，即每年由人事部要求员工填写不署名的意见调查表，管理幅度在 7 人以上的主管都会收到最终的调查结果，公司要求这些主管必须每 3 个月向总经理禀报调查结果的改进情况。

其他沟通渠道包括"公告栏""内部刊物""有话直说"和"申诉制度"等。IBM 的"有话直说"是鼓励员工对公司制度、措施多提意见的一种沟通形式（一般通过书面的形式进行），员工的建议书会专门有人搜集、整理，并要求当事部门在 10 天内给予回复。IBM "内部刊物"的主要功能是把公司年度目标清楚地告诉员工。IBM 的"申诉制度"是指在工作中，员工如果觉得委屈，他可以写信给任何主管（包括总经理），在完成调查前，公司注意不让被调查者的名誉受损，不大张旗鼓地调查以免当事人难堪。

为了确保沟通目标得以实现，IBM 制定了一个"沟通十诫"：一是沟通前先澄清概念；二是探讨沟通的真正目的；三是检讨沟通环境；四是尽量虚心听取别人的意见；五是语调和内容一样重要；六是传递资料尽可能有用；七是应有追踪、检讨；八是兼顾现在和未来；九是言行一致；十是做好听众。

【案例问题】

1. 简述 IBM 沟通渠道的特点，有什么可取之处。

2. 你从 IBM 的"沟通十诫"中得到什么启发？

案例二　关于沟通的几个小故事

（一）有一个秀才去买柴，他对卖柴的人说："荷薪者过来！"卖柴的人听不懂"荷薪者"（担柴的人）三个字，但是听得懂"过来"两个字，于是把柴担到秀才前面。秀才问他："其价如何？"卖柴的人听不太懂这句话，但是听得懂"价"这个字，于是就告诉秀才价钱。秀才接着说："外实而内虚，烟多而焰少，请损之。（你的木材外表是干的，里头却是湿的，燃烧起来，会浓烟多而火焰小，请减些价钱吧。）"卖柴的人因为听不懂秀才的话，于是担着柴就走了。

（二）美国知名主持人林克莱特一天访问一名小朋友，问他说："你长大后想要当什么呀？"小朋友天真地回答："嗯……我要当飞机的驾驶员！"林克莱特接着问："如果有一天，你的飞机飞到太平洋上空所有引擎都熄火了，你会怎么办？"小朋友想了想："我会先告诉坐在飞机上的人绑好安全带，然后我挂上我的降落伞跳出去。"当在现场的观众笑得东倒西歪时，林克莱特继续注视这孩子，想看他是不是自作聪明的家伙。没想到，接着孩子的两行热泪夺眶而出，这才使得林克莱特发觉这孩子的悲悯之情远非笔墨所能形容。于是林克莱特问他说："为什么要这么做？"小孩的答案透露出一个孩子真挚的想法："我要去拿燃料，我还要回来！"

（三）有一位表演大师上场前，他的弟子告诉他鞋带松了。大师点头致谢，蹲下来仔细系好。等到弟子转身后，又蹲下来将鞋带解松。有个旁观者看到了这一切，不解地问："大师，您为什么又要将鞋带解松呢？"大师回答道："因为我饰演的是一位劳累的旅者，长途跋涉让他的鞋带松开，可以通过这个细节表现他的劳累憔悴。""那你为什么不直接告诉你的弟子呢？"旁观者继续问道，大师："他能细心地发现我的鞋带松了，并且热心地告诉我，我一定要保护他这种热情的积极性，及时地给他鼓励，至于为什么要将鞋带解开，将来会有更多的机会教他表演，可以下一次再说啊。"

（四）有一个人因为生意失败，迫不得已变卖了新购的住宅，而且连他心爱的小跑车也脱了手，改以电单车代步。有一日，他和太太一起，相约了几对私交甚笃的夫妻外出游玩，其中一位朋友的新婚妻子因为不知详情，见到他们夫妇共乘一辆电单车来到约定地点，便冲口而出地问："为什么你们骑电单车来？"众人一时错愕，场面变得很尴尬，但这位妻子不急不缓地回应答："我们骑电单车，因为我想抱着他。"

（五）有两位武士不约而同地走进森林里，第一位武士在树下看见金色的盾牌，第二位武士在同一颗树下看见银色的盾牌，金盾牌和银盾牌，两人为此争吵不休，气得两人拔出剑来决一胜负，两人整整厮杀了几天都分不出胜负。当两人累得坐在地上喘息时，才发现盾牌的正面是金色，而反面是银色，原来这是一个双面盾牌。

（六）有一只乌鸦打算飞往东方，途中遇到一只鸽子，双方停在一颗树上休息，鸽子看见乌鸦飞得很辛苦，关心地问："你要飞到哪里去？"乌鸦愤愤不平地说："其实我不想离开，可是这个地方的居民全嫌我的叫声不好听，所以我想飞到别的地方去。"鸽子好心地告诉它："乌鸦别白费力气了，如果你不改变你的声音，飞到哪儿都不会受到欢迎的。"

【案例问题】

1. 这些小故事中存在的沟通问题分别有哪些？
2. 这几个关于沟通的小故事，分别给你什么样的启发？

习题与实践

一、习题

1. 简述软件项目中沟通的作用。
2. 常见的沟通障碍有哪些？
3. 简述语言沟通与非语言沟通、口头沟通与书面沟通的联系与区别。
4. 项目经理应具备哪些沟通技巧？
5. 现代通信技术和信息网络技术对于项目沟通管理有哪些方面的作用？
6. 简述传统冲突观与现代冲突观对"种突"的认识有哪些不同之处？
7. 简述解决冲突有的几种方式和作用。

二、实践

1. 了解国内外 IT 企业，例如微软、IBM、HP、联想、中软等公司是如何运用激励理论激励其员工的，分析其成功经验。

2. 了解国内外 IT 企业是如何看待冲突的，对于项目中的冲突又有哪些处理方法和成功经验。

第8章
风险管理

项目风险是一种不确定的事件或条件，一旦发生，就会对一个或多个项目目标造成积极或消极的影响，如范围、进度、成本和质量。项目风险管理包括风险管理规划、风险识别、风险分析、风险应对和风险控制等过程。项目风险管理的目标在于提高项目中积极事件的概率和影响，降低项目中消极事件的概率和影响。风险管理是降低软件项目失败的一种重要手段。

8.1　风险管理规划

风险管理规划是定义如何实施项目风险管理活动的过程。本过程的主要作用是，确保风险管理的程度、类型和可见度与风险及项目对组织的重要性相匹配。

风险管理规划的主要任务就是得到风险管理计划。可以根据项目管理计划、项目章程、干系人登记册、约束条件和历史经验等信息，制定风险管理计划。风险管理计划是项目管理计划的组成部分，描述将如何安排与实施风险管理活动。风险管理计划对促进与所有干系人的沟通，获得他们的同意与支持，从而确保风险管理过程在整个项目生命周期中的有效实施，至关重要。

风险管理计划通常包含以下内容。

（1）方法论。确定项目风险管理将使用的方法、工具及数据来源。

（2）角色与职责。确定风险管理计划中每个活动的领导者和支持者，以及风险管理团队的成员，并明确其职责。

（3）预算。根据分配的资源估算所需资金，并将其纳入成本基准，制定应急储备和管理储备的使用方案。

（4）时间安排。确定在项目生命周期中实施风险管理过程的时间和频率，制定进度应急储备的使用方案，确定风险管理活动并纳入项目进度计划中。

（5）风险类别。规定对潜在风险成因的分类方法。风险分解结构（Risk Breakdown Structure，RBS）有助于项目团队在识别风险的过程中发现有可能引起风险的多种原因。不同类型的项目可以使用不同分类框架的 RBS 结构，常见的层级结构 RBS 示例如图 8-1 所示。

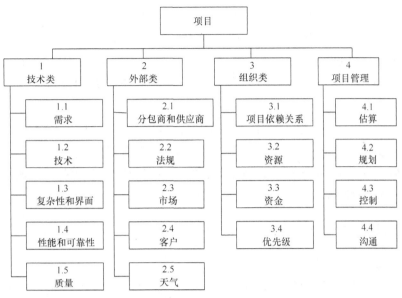

图 8-1　风险分解结构（RBS）示例

（6）风险概率和影响的定义。为了确保风险分析的质量和可信度，需要对项目环境中特定的风险概率和影响的不同层次进行定义。在规划风险管理过程中，应根据具体项目的需要，裁剪通用的风险概率和影响定义，供后续过程使用。表 8-1 是关于消极影响的例子，可用于评估风险对成本、进度、范围和质量 4 个项目目标的影响（可对积极影响编制类似的表格）。

表 8-1　　　　　　　　　　　风险对 4 个项目目标的消极影响量表

风险对主要项目目标的影响量表 （仅反映消极影响）					
项目目标	相对量表				
	很低	低	中等	高	很高
成本	成本增加 不显著	成本增加小于 10%	成本增加 10%～20%	成本增加 20%～40%	成本增加 大于 40%
进度	进度拖延 不显著	进度拖延小于 5%	进度拖延 5%～ 10%	进度拖延 10%～20%	进度拖延大于 20%
范围	范围变化 微不足道	范围的次要方 面受到影响	范围的主要方面 受到影响	范围缩小到发起 人不能接受	项目最终结果没有 实际用途
质量	质量下降 微不足道	仅对要求极高 的部分有影响	质量下降需发起 人审批	质量降低到发起人 审批人不能接受	项目最终结果没有 实际用途

8.2　风险识别

识别风险是判断哪些风险可能影响项目并记录其特征的过程。本过程的主要作用是：对已有风险进行文档化，并为项目团队预测未来事件积累知识和技能。

风险识别活动的参与者可包括：项目经理、项目团队成员、风险管理团队（如有）、客户、项目团队之外的主题专家、最终用户、其他项目经理、干系人和风险管理专家。虽然上述人员往往是风险识别过程的关键参与者，但还应鼓励全体项目人员参与潜在风险的识别工作。

识别风险是一个反复进行的过程，因为在项目生命周期中，随着项目的进展，新的风险可能产生或为人所知。反复的频率及每轮的参与者因具体情况不同而异，应该采用统一的格式对风险进行描述，确保对每个风险都有明确和清晰的理解，以便有效支持风险分析和应对。

8.2.1　风险识别方法

1．文档审查

对项目文档（包括各种计划、假设条件、以往的项目文档、协议和其他信息）进行结构化审查。项目计划的质量，以及这些计划与项目需求和假设之间的匹配程度，都可能是项目的风险指示器。

2．头脑风暴

头脑风暴的目的是获得一份综合的项目风险清单。通常由项目团队开展头脑风暴，团队以外的多学科专家也经常参与其中。在主持人的引导下，参加者提出各种关于项目风险的意见。头脑风暴可采用畅所欲言的传统自由模式，也可采用结构化的集体访谈方式。可用风险类别（如风险分解结构中的）作为基础框架，然后依风险类别进行识别和分类，并进一步阐明风险的定义。

3．SWOT 分析

这种技术从项目的每个优势（Strength）、劣势（Weakness）、机会（Opportunity）和威胁（Threat）出发，对项目进行考察，把产生于内部的风险都包括在内，从而更全面地考虑风险。首先，从项目、组织或一般业务范围的角度识别组织的优势和劣势。然后，通过 SWOT 分析再识别出由组织优势带来的各种项目机会，以及由组织劣势引发的各种威胁。这一分析也可用于考察组织优势能够抵消威胁的程度，以及机会可以克服劣势的程度。

8.2.2　软件项目风险

对于一个项目来说，究竟存在什么样的风险，一方面取决于项目本身的特性（即项目的内因），另一方面取决于项目所处的外部环境与条件（即项目的外因）。软件项目的风险主要表现在以下几个方面。

（1）需求风险

软件项目最大的风险是所完成的产品不能让用户满意。因为软件开发的显著特点就是信息具有不对称性，掌握技术的开发人员对用户的业务缺乏理解，而熟悉业务的用户对技术一窍不通，这样使得软件项目的需求分析难度很大，项目目标和范围难以界定。此外用户需求经常变化也给软件项目带来很大风险。

识别需求方面的风险时，应重点分析如下因素：

- 用户是否充分参与需求分析。
- 优先需求是否得到满足。
- 需求变化的程度。
- 有无有效的需求变化管理过程。

（2）技术风险

信息技术的发展和更新速度极快，技术和产品的生存期越来越短，因此软件项目的技术选择风险性较高，采用较成熟的技术既可能无法达到项目的需求，也可能意味着项目发展的潜力较小；而采用新技术开发的风险较高，往往会带来更多的风险。

识别技术风险时，可以分析如下几点：

- 对方法、工具和新技术的理解程度。
- 应用领域经验。
- 产品需求是否要求采用特殊的功能和接口。
- 需求中是否有过分的产品性能要求和约束。
- 客户所要求的功能是否技术可行。
- 是否有恰当的技术培训。

（3）商业风险

与商业风险有关的因素有：

- 本产品是否得到应有的高管层重视与支持。
- 交付期限的合理性如何。
- 本产品是否满足了用户的需求。
- 最终用户的水平如何。
- 延迟交付所造成的成本消耗如何。
- 产品缺陷所造成的成本消耗如何。

（4）开发方式风险

软件项目往往可以采用合作、外包、自主开发等方式进行开发。自主开发往往面临技术实力不足的问题；外包可能存在合作和沟通的问题。采用多方合作方式时，风险就可能来自合作伙伴、技术及设备供应商等方面。

（5）系统部署风险

软件系统在部署时往往需要大量的时间耗费及大量的数据初始化工作，这种工作任务艰巨且很烦琐，而系统对数据质量的要求使得这一矛盾更为突出，若软件项目需要大量的数据储备时这种风险也随之增长。另外，在软件系统运行期内，数据质量风险亦持续存在。

（6）流程重组风险

在采用新的技术或新的管理理念建设软件系统时，往往在方便工作的同时需要对原有流程加以增删、整合等重组活动，这种活动可能会受到操作人员的抵触，在组织管理水平较低或者存在组织政治斗争时，这种抵触会加剧，甚至非常激烈。

（7）组织与人力资源风险

软件行业的人员流动性大、沟通难度大，因此一旦软件项目组织发生变动，往往会关系到整个项目的成败，如何维持软件项目组织的完整是软件项目管理的一个重要挑战。

8.2.3　风险登记册

风险登记册是风险识别过程的最初结果。风险登记册需要基于如下文档信息：风险管理计划、进度管理计划、质量管理计划、人力资源管理计划、范围基准、活动成本预算、活动历时估算、干系人登记册、采购文件、约束条件和经验教训等信息。风险登记册会记录风险分析、风险应对和风险管理过程的结果，其中的信息种类和数量也就逐渐增加。风险登记册的编制始于风险过程识别，然后供其他风险管理过程和项目管理过程使用并完善。

最初的风险登记册包括如下信息：

（1）已识别风险清单。对已识别风险进行尽可能详细的描述。可采用结构化的风险描述语句对风险进行描述。例如，某事件可能发生，从而造成什么影响；或者，如果存在某个原因，某事件就可能发生，从而导致什么影响。在罗列出已识别风险之后，这些风险的根本原因可能更加明显。风险的根本原因就是造成一个或多个已识别风险的基本条件或事件，应记录在案，用于支持本项目和其他项目以后的风险识别工作。

（2）潜在应对措施清单。在识别风险过程中，有时可以识别出风险的潜在应对措施。这些应对措施（如果已经识别出）是风险应对过程（见 8.4 节）的依据。

8.3　风险分析

风险分析包括风险定性分析和风险定量分析。

8.3.1　风险定性分析

风险定性分析是评估并综合分析风险的概率和影响，对风险进行优先排序，从而为后续分析或行动提供基础的过程。风险定性分析的主要作用是，使项目经理能够降低项目的不确定性级别，并重点关注高优先级的风险。

风险定性分析有如下几种方法。

1．风险概率和影响评估

风险概率评估旨在调查每个具体风险发生的可能性，以及调查风险对项目目标（如进度、成本、质量或性能）的潜在影响，既包括威胁所造成的消极影响，也包括机会所产生的积极影响。

对已识别的每个风险都要进行概率和影响评估。可以选择熟悉相应风险类别的人员，以访谈或会议的形式进行风险评估，应该包括项目团队成员和项目外部的经验丰富人员。

通过访谈或会议，评估每个风险的概率级别及其对每个目标的影响。还应记录相应的说明性细节，例如，确定风险级别所依据的假设条件。具有低级别概率和影响的风险，将列入风险登记册中的观察清单，供将来监测。

基于风险评级结果，对风险进行优先级排序，以便进一步开展定量分析和风险应对规划。通常用概率和影响矩阵来评估每个风险的重要性和所需的关注优先级。根据概率和影响的各种组合，该矩阵把风险划分为低、中、高风险。描述风险级别的具体术语和数值取决于组织的偏好。如表 8-2 所示，黑色（数值最大）区域代表高风险，灰色（数值最小）区域代表低风险，而白色（数值介于最大和最小之间）区域代表中等风险。通常在规划风险管理过程中，就要制定项目风险评级规则。

表 8-2　　　　　　　　　　　　　　　　概率和影响矩阵

概率和影响矩阵

概率	威胁					机会				
0.90	0.05	0.09	0.18	0.36	0.72	0.72	0.36	0.18	0.09	0.05
0.70	0.04	0.07	0.14	0.28	0.56	0.56	0.28	0.14	0.07	0.04
0.50	0.03	0.05	0.10	0.20	0.40	0.40	0.20	0.10	0.05	0.03
0.30	0.02	0.03	0.06	0.12	0.24	0.24	0.12	0.06	0.03	0.02
0.10	0.01	0.01	0.02	0.04	0.08	0.08	0.04	0.02	0.01	0.01
	0.05/非常低	0.10/低	0.20/中等	0.40/高	0.80/非常高	0.80/非常高	0.40/高	0.20/中等	0.10/低	0.05/非常低

对目标（如成本、时间、范围或质量）的影响（数字量表）

2. 风险紧迫性评估

可以把近期就需要应对的风险确定为更紧迫的风险。风险的可监测性、风险应对的时间要求、风险征兆和预警信号，以及风险等级等，都是确定风险优先级应考虑的指标。在某些定性分析中，可以综合考虑风险的紧迫性及从概率和影响矩阵中得到的风险等级，从而得到最终的风险严重性级别。

3. 风险分类

可以按照风险来源（如使用风险分解结构）、受影响的项目工作（如使用工作分解结构）或其他有效分类标准（如项目阶段）对项目风险进行分类，以确定受不确定性影响最大的项目区域。风险也可以根据共同的根本原因进行分类。本技术有助于为制定有效的风险应对措施而确定工作包、活动、项目阶段，甚至项目中的角色。

按风险内容进行风险分类有：

- 范围风险：与范围变更有关的风险，例如用户的需求变化等。

- 进度风险：导致项目工期拖延的风险。该风险主要取决于技术因素、计划合理性、资源充分性、项目人员经验等几个方面。
- 成本风险：导致项目费用（其中包括人工成本）超支的风险。
- 质量风险：影响质量达到技术性能和质量水平要求的风险。
- 技术风险：是指由于与项目研制相关的技术因素的变化而给项目建设带来的风险，包括潜在的设计、实现、接口、验证和维护、技术的不确定性、"老"技术与"新"技术等方面的问题。
- 管理风险：是指由于项目建设的管理职能与管理对象（如管理组织、领导素质、管理计划）等因素的状况及其可能的变化，给项目建设带来的风险。
- 商业风险：是指开发了一个没有人真正需要的产品或系统（市场风险）；或开发的产品不符合公司的整体商业策略（策略风险）；或构成了一个销售部不知道如何去出售的产品（销售风险）等。
- 法律风险：例如许可权、专利、合同失效、诉讼等。
- 社会环境风险：是指由于国际、国内的政治、经济技术的波动（如政策变化等），或者由于自然界产生的灾害（如地震、洪水等）而可能给项目带来的风险。

从预测的角度划分的风险类型有：

- 已知风险（knowns）：是通过仔细评估项目计划、开发项目的经济和技术环境以及其他可靠的信息来源之后可以发现的那些风险。例如，不现实的交付时间；没有需求或软件范围文档；恶劣的开发环境等。
- 可预测的风险（known-unknowns）：又称已知—未知风险，是指能够从过去项目的经验中推测出来的风险。该类风险可预见、可计划、可管理。例如，人员变动、与客户之间无法沟通等；以及市场风险（原材料可利用性、需求）、日常运作（维修需求）、环境影响、社会影响、货币变动、通货膨胀、税收等。
- 不可预测的风险（unknown-unknowns）：又称未知-未知风险，是指虽然可能发生，但很难事先识别出来的风险。该类风险不可预见、不可计划、不可管理，需要应急措施。例如规章（不可预测的政府干预）、自然灾害等。

8.3.2 风险定量分析

风险定量分析的对象是在定性风险分析过程中被确定为潜在重大影响的风险，其过程就是分析这些风险对项目目标的影响，主要用来产生量化风险信息，支持决策制定，降低项目的不确定性。

主要的风险定量分析方法有以下 3 种。

1. 敏感性分析

敏感性分析把所有其他不确定因素固定在基准值，考察每个因素的变化会对目标产生多大程度的影响，有助于确定哪些风险对项目具有最大的潜在影响。敏感性分析的典型表现形式是龙卷风图，龙卷风图是在敏感性分析中用来比较不同变量的相对重要性的一种特殊形式的条形图。在龙卷风图中，Y 轴代表处于基准值的各种不确定因素，X 轴代表不确定因素与所研究的输出之间的相关性。图 8-2 中每种不确定因素各有一根水平条形，从基准值开始向两边延伸。这些条形按延伸长度递减垂直排列。

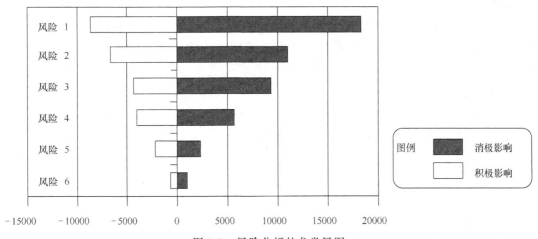

图 8-2　风险分析的龙卷风图

2. 概率分析

在建模和模拟方法中广泛使用的连续概率分布，代表着数值的不确定性，如进度活动的持续时间和项目组成部分的成本的不确定性。不连续分布用于表示不确定性事件，如测试结果或决策树的某种可能情景等。图 8-3 显示了广为使用的两种连续概率分布。这些分布的形状与风险定量分析中得出的典型数值相符。如果在具体的最高值和最低值之间，没有哪个数值的可能性比其他数值更高，就可以使用均匀分布，如在早期的概念设计阶段。

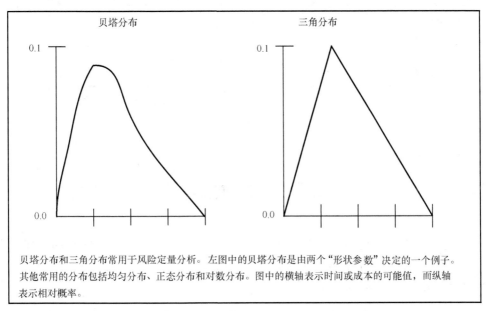

图 8-3　风险分析中常用的概率分布

3. 决策树分析

决策树分析是一种形象化的图表分析方法，它提供项目所有可供选择的行动方案及行动方案之间的关系、行动方案的后果及发生的概率，为项目管理者提供选择最佳方案的依据。

例如，需要就投资 1.2 亿美元建设新厂或投资 5000 万美元扩建旧厂进行决策，如图 8-4 所示。进行决策时，必须考虑需求（因具有不确定性，所以是"机会节点"）。例如，在强需求情况下，建设新厂可得到 2 亿美元收入，而扩建旧厂只能得到 1.2 亿美元收入（可能因为生产能力有限）。每个分支的末端列出了收益减去成本后的净值。对于每条决策分支，把每种情况的净值与其概率相乘，就得到该方案的预期价值（见阴影区域）。计算时要记得考虑投资成本。从阴影区域的计算结果来看，扩建旧厂方案更好，即 4600 万美元为整个决策的预期价值。（选择扩建旧厂，也代表选择了风险最低的方案，避免了可能损失 3000 万美元的最坏结果。）

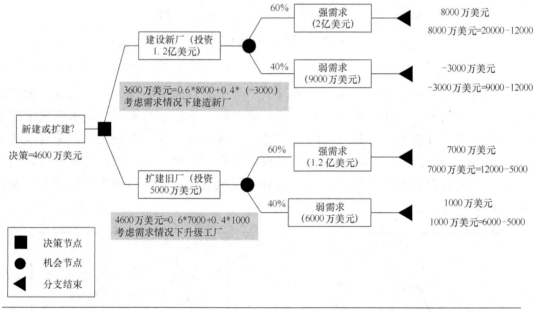

注：此决策树反映了在环境中存在不确定性因素（机会节点）时，如何在各种可选投资方案中进行选择（决策节点）。

图 8-4　决策树分析示例

8.4　风险应对

风险应对是针对项目目标，制定提高机会、降低威胁的方案和措施的过程。本过程的主要作用是：根据风险的优先级来制定应对措施，并把风险应对所需的资源和活动加进项目的预算、进度计划和项目管理计划中。

在风险应对规划过程中，应该根据需要更新若干项目文件。例如，选择和商定的风险应对措施应该列入风险登记册。风险登记册的详细程度应与风险的优先级和拟采取的应对措施相匹配。通常，应该详细说明高风险和中风险，而把低优先级的风险列入观察清单，以便定期监测。

8.4.1 消极风险应对策略

通常用规避、转移、减轻这三种策略来应对威胁或可能给项目目标带来消极影响的风险。第四种，接受策略，既可用来应对消极风险或威胁，也可用来应对积极风险或机会。每种风险应对策略对风险状况都有不同且独特的影响。要根据风险的发生概率和对项目总体目标的影响选择不同的策略。规避和减轻策略通常适用于高影响的严重风险，而转移和接受则更适用于低影响的不太严重威胁。

（1）规避。更改项目管理计划，以完全消除威胁。项目经理也可以把项目目标从风险的影响中分离出来，或者改变受到威胁的目标，如延长进度、改变策略或缩小范围等。最极端的规避策略是关闭整个项目。在项目早期出现的某些风险，可以通过澄清需求、获取信息、改善沟通或取得专有技能来加以规避。

（2）转移。风险转移是指项目团队把威胁造成的影响连同应对责任一起转移给第三方的风险应对策略。转移风险是把风险管理责任简单地推给另一方，而并非消除风险。转移并不是把风险推给后续的项目，也不是未经他人知晓或同意就把风险推给他人。采用风险转移策略，几乎总是需要向风险承担者支付风险费用。风险转移策略对处理风险的财务后果最有效。风险转移可采用多种工具，主要包括保险、履约保函、担保书和保证书等。可以利用合同或协议把某些具体风险转移给另一方。例如，如果买方具备卖方所不具备的某种能力，为谨慎起见，可通过合同规定把部分工作及其风险再转移给买方。在许多情况下，成本补偿合同可把成本风险转移给买方，而总价合同可把风险转移给卖方。

（3）减轻。风险减轻是指项目团队采取行动降低风险发生的概率或造成的影响的风险应对策略。它意味着把不利风险的概率和影响降低到可接受的临界值范围内。提前采取行动来降低风险发生的概率和可能给项目造成的影响，比风险发生后再设法补救，往往会更加有效。减轻措施的例子包括采用不太复杂的流程，进行更多的测试，或者选用更可靠的供应商。它可能需要开发原型，以降低从实验台模型放大到实际工艺或产品过程中的风险。如果无法降低风险概率，也许可以从决定风险严重性的关联点入手，针对风险影响来采取减轻措施。例如，在一个系统中加入冗余部件，可以减轻主部件故障所造成的影响。

（4）接受。该策略可以是被动或主动的。被动地接受风险的情况下，可待风险发生时再由项目团队处理，不过，需要定期复查，以确保威胁没有太大的变化。最常见的主动接受策略是建立应急储备，安排一定的时间、资金或资源来应对风险。

8.4.2 积极风险应对策略

有四种策略应对积极风险或机会，分别是开拓、分享、提高和接受。前三种是专为对项目目标有潜在积极影响的风险而设计的，第四种策略既可用来应对消极风险或威胁，也可用来应对积极风险或机会。

（1）开拓。如果组织想要确保机会得以实现，就可对具有积极影响的风险采取本策略。本策略旨在消除与某个特定积极风险相关的不确定性，确保机会肯定出现。直接开拓包括把组织中最有能力的资源分配给项目来缩短完成时间，或者，采用全新或改进的技术来节约成本，缩短实现项目目标的持续时间。

（2）提高。本策略旨在提高机会的发生概率和积极影响。识别那些会影响积极风险发生的关键因素，并使这些因素最大化，以提高机会发生的概率。提高机会的例子包括为尽早完成活动而增加资源。

（3）分享。分享积极风险是指把应对机会的部分或全部责任分配给最能为项目利益抓住该机会的第三方。分享的例子包括建立风险共担的合作关系和团队，以及为特殊目的成立公司或联营体，以便充分利用机会，使各方都从中受益。

（4）接受。接受机会是指当机会发生时乐于利用，但不主动追求机会。

8.4.3 应急应对措施

可以针对某些特定事件，专门设计一些应对措施。对于有些风险，比如不可预测的风险，项目团队可以制定应急应对策略，即只有在某些预定条件发生时才能实施的应对计划。如果确信风险的发生会有充分的预警信号，就应该制定应急应对策略。应该对触发应急策略的事件进行定义和跟踪，例如，未实现阶段性里程碑，或者获得供应商更高程度的重视。采用这一技术制定的风险应对方案，通常称为应急计划或弹回计划，其中包括已识别的、用于启动计划的触发事件。

8.5 风险控制

风险控制是在整个项目中规划风险应对、跟踪已识别风险、监督残余风险、识别新风险，以及评估风险过程有效性的过程。本过程的主要作用是：在整个项目生命周期中提高应对风险的效率，不断优化风险应对。

8.5.1 风险控制程序

项目预定目标的实现，是整个项目管理流程有机作用的结果，风险监控是其中一个重要环节。风险监控应是一个连续的过程，它的任务是根据整个项目（风险）管理过程规定的衡量标准，全面跟踪并评价风险处理活动的执行情况。建立一套项目监控指标系统，使之能以明确易懂的形式提供准确、及时而关系密切的项目风险信息，是进行风险监控的关键所在。分析控制程序主要包括以下 8 个方面。

1. 建立项目风险事件控制体制

在项目开始之前应根据项目风险识别和分析报告所给出的项目风险信息，制订出整个项目风险控制的大政方针、项目风险控制的程序及项目风险控制的管理体制，包括项目风险责任制、项目风险信息报告制、项目风险控制决策制、项目风险控制的沟通程序等。

2. 确定要控制的具体项目风险

根据项目风险识别与分析报告所列出的各种具体项目风险，确定出对哪些项目风险进行控制，面对哪些风险容忍并放弃对它们的控制。通常这要按照项目具体风险后果的严重程度、风险发生概率及项目组织的风险控制资源等情况确定。

3. 确定项目风险的控制责任

这是分配和落实项目具体风险控制责任的工作。所有需要控制的项目风险都必须落实到具体负责控制的人员，同时要规定他们所负的具体责任。

4. 确定项目风险控制的行动时间

对项目风险的控制应制订相应的时间计划和安排，计划和规定出解决项目风险问题的时间表与时间限制。因为没有时间安排与限制，多数项目风险问题是不能有效地加以控制的。许多由于项目风险失控所造成的损失都是因为错过了风险控制的时机造成的，所以必须制定严格的项目风险控制时间计划。

5. 制订各具体项目风险的控制方案

由负责具体项目风险控制的人员，根据项目风险的特性和时间计划制订出各具体项目风险的控制方案。找出能够控制项目风险的各种备选方案，然后要对方案做必要的可行性分析，以验证各种风险控制备选方案的效果，最终选定要采用的风险控制方案或备用方案。另外，还要针对风险的不同阶段制订不同阶段使用的风险控制方案。

6. 实施具体项目风险控制方案

要按照确定出的具体项目风险控制方案开展项目风险控制活动。这一步必须根据项目风险的发展与变化不断地修订项目风险控制方案与办法。对于某些项目风险面言，风险控制方案的制定与实施几乎是同时进行的。例如，设计制定一条新的关键路径并计划安排各种资源去防止和解决项目拖期的问题。

7. 跟踪具体项目风险的控制结果

这一步的目的是收集风险事件控制工作的信息并给出反馈，即利用跟踪去确认所采取的项目风险控制活动是否有效，项目风险的发展是否有新的变化等。这样就可以不断地提供反馈信息，从而指导项目风险控制方案的具体实施。

8. 判断项目风险是否已经消除

如果认定某个项目风险已经解除，则该具体项目风险的控制作业就完成了。若判断该项目的风险仍未解除就需要重新进行项目风险识别，然后重新开展下一步的项目风险控制作业。

8.5.2　风险控制方法

风险监控还没有一套公认的、单独的技术可供使用，其基本目的是以某种方式驾驭风险，保证项目可靠、高效地完成项目目标。由于项目风险具有复杂性、变动性、突发性、超前性等特点，风险监控应该围绕项目风险的基本问题，制定科学的风险监控标准，采用系统的管理方法，建立有效的风险预警系统，做好应急计划，实施高效的项目风险监控。

1. 风险预警系统

建立有效的风险预警系统，对于风险的有效监控具有重要作用和意义。风险预警管理是指对于项目管理过程中有可能出现的风险，采取超前或预先防范的管理方式，一旦在监控过程中发现有发生风险的征兆，及时采取校正行动并发出预警信号，以最大限度地控制不利后果的发生。因此，项目风险管理的良好开端是建立一个有效的监控或预警系统，及时觉察计划的偏离，以高效地实施项目风险管理过程。

2. 风险审计

风险审计是检查并记录风险应对措施在处理已识别风险及其根源方面的有效性，以及风险管理过程的有效性。项目经理要确保按项目风险管理计划所规定的频率实施风险审计，既可以在日常的项目审查会中进行风险审计，也可单独召开风险审计会议。

3. 偏差和趋势分析

很多控制过程都会借助偏差分析来比较计划结果与实际结果。为了控制风险，应该利用绩效信息对项目执行的趋势进行审查。可使用挣值分析及项目偏差与趋势分析的其他方法，对项目总体绩效进行监控。这些分析的结果可以揭示项目在完成时可能偏离成本和进度目标的程度；与基准计划的偏差可能表明威胁或机会的潜在影响。

4. 技术绩效测量

技术绩效测量是把项目执行期间所取得的技术成果与关于取得技术成果的计划进行比较。它要求定义关于技术绩效的客观的、量化的测量指标，以便据此比较实际结果与计划要求。这些技术绩效测量指标可包括重量、处理时间、缺陷数量和存储容量等。偏差值（如在某里程碑时点实现了比计划更多或更少的功能）有助于预测项目范围方面的成功程度。

8.6　案例分析

案例一　富士通的风险管理

Fujitsu（富士通）是世界领先的面向全球市场提供行业解决方案的 ICT（Information and Communication Technology）综合服务供应商。富士通作为著名的日本信息通信技术（ICT）企业，横跨半导体电子器件、计算机通讯平台设备、软件服务三大领域的全球化综合性 IT 科技巨擘。

在 ICT 行业的全球活动中，富士通集团不断追求增加企业价值，对客户、本地社区及所有利益相关者做出贡献。管理层放在日程表首位的是，正确评估和处理威胁实现目标的风险、采取措施预防这些风险发生及制定措施以最小化风险产生的影响和防止其再次发生。富士通已经建设了面向整个集团的风险管理和合规系统，并承诺持续实施并不断地改善它。

（一）商业风险

集团判断、分析并评估与业务活动和工作相关的风险，并寻求措施以避免、减少风险的发生，以及在事件突发时能够紧急应对。富士通部分商业风险实例如表 8-3 所示。

表 8-3　　　　　　　　　　　　富士通部分商业风险实例

商业风险实例：
• 经济和金融市场趋势
• 客户在 ICT 的投资趋势变化及无法保持与客户的长期关系
• 竞争对手战略和行业趋势
• 采购、联盟和技术许可
• 公共条例、公共政策和税务问题
• 产品和服务、信息安全、项目管理、投资决策、知识产权、人力资源、环境污染及信用风险等的不足或缺陷
• 自然灾害和不可预见的事故

（二）风险管理与合规结构

为了集成和加强其全球风险管理和合规结构，富士通集团设立了风险管理与合规委员会，它是向顶级管理层汇报的内部管控委员会之一。

风险管理与合规委员会负责任命集团各个部门和公司的首席风险合规官，并鼓励他们合作，以防止潜在风险的发生，同时缓解可能发生的风险，为整个集团构建风险管理和合规结构，见图 8-5 所示。

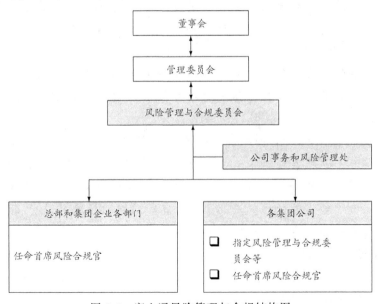

图 8-5　富士通风险管理与合规结构图

（三）风险管理框架

风险管理与合规委员会负责掌控日本和海外所有富士通业务集团和集团公司的风险管理和合规状态，制定适当的政策、流程等，加以实施并在实践中不断改善。实际上，风险管理与合规委员会制定和使用风险管理条例和指南，并定期进行审查和改善，如图8-6所示。

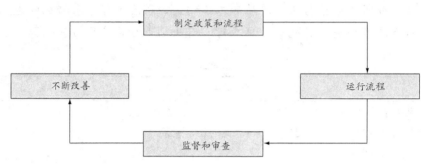

图 8-6　富士通风险管理框架

（四）风险管理程序

风险管理与合规委员会定期与首席风险合规官沟通，判断、分析并评估业务活动风险，确认具体的改善措施，以规避风险、或使之最小化、转移或停止损害，并向管理委员会报告重要风险。

对于采取多种预防措施后仍发生的风险，风险管理委员也将制定对应的流程来灵活应对。发生自然灾害、事故，产品故障或缺陷、系统或服务出现问题、企业违规及信息安全事故或环境问题等重大风险后，各部门或集团将立即向风险管理与合规委员会报告。风险管理与合规委员会与相关部门联合协作，成立工作小组，通过适当的措施，快速解决该问题，同时，风险管理委员会致力于识别问题起因，并提出和实施解决方案。另外，如果是重大风险，委员会还会向管理委员会和董事会报告相关信息。

风险管理与合规委员会不断确认这些程序的实施状态，并进行改善。

（五）全集团预防灾害

为了建设可靠的备灾网络并持续提高业务响应能力，富士通集团创立了集团防灾组织，以应对大型灾害。在日本，富士通在每年的9月1日防灾日，执行全国性的灾害应急演练。

2013财年为在东京和东南海地区进行系统地震演习的第19个年头，富士通在80家公司完成了演习，包括富士通总部。富士通的管理机构集中于东京地区，作为东京地区预防地震灾害工作的一部分，富士通已在关西地区建立临时中央总部，并与每个面临风险的营业场所合作进行初始应急训练。日本周围的场地也进行了初始应急培训，以在灾后确认人员安全并检查企业建筑物损坏情况。

（六）业务连续性管理

最近几年，威胁经济和社会持续发展性的不可预见的事件越来越多，如地震和大型洪灾、暴乱、事故和流行病（如新型流感菌株）。

为了确保即便在该等风险发生时，富士通仍可以稳定供应客户需要的高效能、优质产品和服务，富士通制定了业务连续性计划（BCP），并促进业务连续性管理（BCM），以此连续审查和改善该 BCP。通过 BCM 程序，在东日本大震灾和泰国洪水中得到的经验教训现在已体现在富士通的 BCP 中。

（七）风险管理教育

富士通开发并执行系统性的教育课程，旨在对整个集团实施集中风险管理。通过风险管理教育课程，富士通告知员工进行风险管理的基本方法和需要遵循的规则，并引用具体的实例增强员工的风险管理意识及处理风险的能力。此外，公司还举办与信息安全、环境问题和自然灾害相关问题的教育和培训计划。

【案例问题】

1. 分析富士通风险管理的先进之处。

2. 富士通的风险管理对于中国 IT 企业的风险管理有何借鉴？

3. 结合本案例，你认为风险管理有何作用，如何才能做好软件项目的风险管理？

案例二　一个失败的项目

Clearnet 公司是国外一家知名的 IP 电话设备厂商，它在国内拥有许多电信运营商客户。Clearnet 主要通过分销的方式发展中国业务，由国内的合作伙伴和电信公司签约并提供具有增值内容的集成服务。2000 年，国内一家省级电信公司（H 公司）打算上某项目，经过发布 RFP（需求建议书）及谈判和评估，最终选定 Clearnet 公司为其提供 IP 电话设备。立达公司作为 Clearnet 公司的代理商，成为了该项目的系统集成商。立达公司是第一次参与此类工程。H 公司和立达公司签订了总金额达 1000 万元的合同。

李先生是该项目的项目经理。该项目的施工周期是 3 个月。由 Clearnet 负责提供主要设备，立达公司负责全面的项目管理和系统集成工作，包括提供一些主机的附属设备和支持设备，并且负责整个项目的运作和管理。Clearnet 也一直积极参与此项目的工作。然而，李先生发现，立达公司对 H 公司的承诺和技术建议书远远超出了系统的实际技术指标，这与 Clearnet 的与立达公司的代理合同有不少出入。立达公司也承认，为了竞争的需要，做了一些额外的承诺。这是国内公司的常见做法，有的公司甚至干脆将尾款不考虑成利润，而收尾款也成为了一种专职的公关工作。这种做法实质上增加了项目的额外成本，同时对整个商业行为构成潜在的诚信危机。对于 H 公司来说，他们认为，按照 RFP 的要求，立达公司实施的项目没有达到合同的要求。

因此直至 2002 年，H 公司还拖欠立达公司 10% 的验收款和 10% 的尾款。立达公司多次召开项目会议，要求 Clearnet 公司给予支持。但由于开发周期的原因，Clearnet 公司无法马上达到新的技术指标并满足新的功能。于是，项目持续延期。为完成此项目，立达公司只好不断将 Clearnet 公司的最新升级系统（软件升级）提供给 H 公司，甚至派人常住在 H 公司。又经过了 3 个月，H 公司终于通过了最初验收。在立达公司同意承担系统升级工作直到满足 RFP 的基础上，H 公司支付了 10% 的验收款。然而，2002 年底，Clearnet 公司由于内部原因暂时中断了在中国的业务，其产品的支持力度大幅下降，结果致使该项目的收尾工作至今无法完成。

据了解，立达公司在此项目上原本可以有 250 万元左右的毛利，可是考虑到增加的项目成本（差旅费、沟通费用、公关费用和贴现费）和尾款，实际上的毛利不到 70 万元。如果再考虑机会成本，实际利润可能是负值。因此导致项目失败，尤其是项目预期的经济指标没有完成，这是非常遗憾的事情。项目失败或没有达到预期的经济指标的因素有很多，其中风险管理是一个极为重要的因素。

【案例问题】

1. 该项目没有达到预期的目标，最终失败的原因主要是什么？

2. 项目经理在识别和处理风险方面有哪些不妥之处？为了降低项目风险，他应该怎样做？

3. 对于项目中可能出现的风险，你认为应该采取哪些措施？

4. 从本例中你获得了哪些启示？

习题与实践

一、习题

1. 什么是项目风险？软件项目具有哪些风险？

2. 简述项目风险管理的意义和作用。

3. 如何定量评估项目的风险？每一种方法是如何进行评估的？

4. 举例说明进度管理、成本管理中可能存在的风险。

5. 项目风险应对措施制定与项目风险控制有什么关联？如何管理和处理好这些关联？

6. 简述项目风险管理计划包括哪些内容。

7. 简述项目风险应对的主要方法及应注意的问题。

二、实践

1. 上网搜索软件项目风险因素都有哪些，了解 IT 企业在风险管理方面的常见做法，分析软件项目成功率不高的原因。

2. 编写所选项目的风险计划，要求包括以下内容：

（1）明确风险管理活动中各种人员的角色、分工和职责；

（2）约定风险应对的负责人及必要的措施和手段；

（3）确定风险管理使用的工具、方法、数据资源和实施步骤；

（4）指导风险管理过程的运行阶段、过程评价、控制周期；

（5）说明风险评估并定义风险量化的类型级别等。

第 9 章
采购管理

项目采购管理包括从项目团队外部采购或获得所需产品、服务或成果的各个过程。项目组织既可以是项目产品、服务或成果的买方，也可以是卖方。

项目采购管理过程围绕包括合同在内的协议来进行。协议是买卖双方之间的法律文件。合同是对双方都有约束力的协议，规定卖方有义务提供有价值的东西，如规定的产品、服务或成果，买方有义务支付货币或其他有价值的补偿。协议可简可繁，应该与可交付成果和所需工作的简繁程度相适应。

9.1　采购管理规划

采购管理规划是记录项目采购决策、明确采购方法、识别潜在卖方的过程。本过程的主要作用是：确定是否需要外部支持，如果需要，还要决定采购什么、如何采购、采购多少，以及何时采购。

9.1.1　采购管理规划方法

1. 自制或外购分析

自制或外购分析是一种通用的管理技术，用来确定某项工作最好由项目团队自行完成，还是应该从外部采购。有时，虽然项目组织内部具备相应的能力，但由于相关资源正在从事其他项目，为满足进度要求，也需要从组织外部进行采购。

预算制约因素可能影响自制或外购决策。如果决定购买，则应继续做出购买或租赁的决策。自制或外购分析应考虑全部相关成本，包括直接成本与间接成本。例如，买方在分析外购时，既要考虑购买产品本身的实际支出，也要考虑为支持采购过程和维护该产品所发生的间接成本。

在进行外购分析时，也要考虑可用的合同类型。采用何种合同类型，取决于想要如何在买卖双方间分担风险，而双方各自承担的风险程度，则取决于具体的合同条款。在某些法律体系中，还有其他合同类型，例如，基于卖方义务（而非客户义务）的合同类型。一旦选定适用法律，合同双方就必须确定合适的合同类型。

2. 市场调研

市场调研包括考察行业情况和供应商能力。采购团队可以综合考虑从研讨会、在线评论和各种其他渠道得到的信息，来了解市场情况。采购团队可能也需要考虑有能力提供所需材料或服务的供应商的范围，权衡与之有关的风险，并优化具体的采购目标，以便利用成熟技术。

3. 交流会

不借助与潜在投标人的信息交流会，仅靠调研，也许还不能获得制定采购决策所需的明确信息。与潜在投标人合作，有利于供应商开发互惠的方案或产品，从而有益于材料或服务的买方。

9.1.2 采购管理规划结果

1. 采购管理计划

可以根据项目管理计划、需求文件、活动资源需求、项目进度计划、活动成本估算、干系人登记册等信息，制定采购管理计划。采购管理计划是项目管理计划的组成部分，说明项目团队将如何从执行组织外部获取货物和服务，以及如何管理从编制采购文件到合同收尾的各个采购过程。采购管理计划包括如下内容。

（1）拟采用的合同类型。

（2）风险管理事项。

（3）是否需要编制独立估算，以及是否应把独立估算作为评价标准。

（4）如果执行组织没有采购、发包或采办部门，项目管理团队可独自采取的行动。

（5）准化的采购文件（如需要）。

（6）如何管理多个供应商。

（7）如何协调采购工作与项目的其他工作，如制定进度计划与报告项目绩效。

（8）可能影响采购工作的制约因素和假设条件。

（9）如何处理某些产品的采购需要提前较长时间的问题，并在项目进度计划中考虑所需时间。

（10）如何进行自制或外购决策，并把该决策与估算活动资源和制定进度计划等过程联系在一起。

（11）如何在每个合同中规定合同可交付成果的进度日期，并与制定进度计划和控制过程相协调。

（12）如何识别对履约担保或保险合同的需求，以减轻某些项目风险。

（13）如何指导卖方编制和维护工作分解结构（WBS）。

（14）如何确定采购/合同工作说明书的形式和格式。

（15）如何识别预审合格的卖方（如有）。

（16）用于管理合同和评价卖方的采购测量指标。

根据每个项目的需要，采购管理计划可以是正式或非正式的，详细或概括性的。

2．采购工作说明书

依据项目范围基准，为每次采购编制工作说明书（Statement of Work，SOW），对将要包含在相关合同中的那一部分项目范围进行定义。采购工作说明书应该详细描述拟采购的产品、服务或成果，以便潜在卖方确定他们是否有能力提供这些产品、服务或成果。至于应该详细到何种程度，会因采购品的性质、买方的需要或拟用的合同形式而异。工作说明书中可包括规格、数量、质量、性能参数、履约期限、工作地点和其他需求。

采购工作说明书应力求清晰、完整和简练。它也应该说明任何所需的附带服务，如绩效报告或项目后的运营支持等。某些应用领域对采购工作说明书有特定的内容和格式要求。每次进行采购，都需要编制工作说明书。不过，可以把多个产品或服务组合成一个采购包，由一个工作说明书全部覆盖。

在采购过程中，应根据需要对采购工作说明书进行修订和改进，直到成为所签协议的一部分。

3．采购文件

采购文件是用于征求潜在卖方的建议书。如果主要依据价格来选择卖方（如购买商业或标准产品时），通常就使用标书、投标或报价等术语。如果主要依据其他考虑（如技术能力或技术方法）来选择卖方，通常就使用诸如建议书的术语。不同类型的采购文件有不同的常用名称，可能包括信息邀请书（Request for Information，RFI）、投标邀请书（Invitation for Bid，IFB）、建议邀请书（Request for proposal，RFP）、报价邀请书（Request for Quotation，RFQ）、投标通知、谈判邀请书及卖方初始应答邀请书。具体的采购术语可能因行业或采购地点而异。

买方拟定的采购文件不仅应便于潜在卖方做出准确、完整的应答，还要便于对卖方应答进行评价。采购文件中应该包括应答格式要求、相关的采购工作说明书及所需的合同条款。对于政府采购，法规可能规定了采购文件的部分甚至全部内容和结构。

采购文件的复杂和详细程度应与采购的价值和风险水平相适应。采购文件既要足以保证卖方做出一致且适当的应答，又要具有足够的灵活性，允许卖方为满足既定要求而提出更好的建议。

买方通常应该按照所在组织的相关政策，邀请潜在卖方提交建议书或投标书。可通过公开发行的报纸或商业期刊，或者利用公共登记机关或国际互联网来发布邀请。

4．供方选择标准

供方选择标准通常是采购文件的一部分。制定这些标准是为了对卖方建议书进行评级或打分。标准可以是客观或主观的。

如果很容易从许多合格卖方获得采购品，则选择标准可仅限于购买价格。这种情况下，购买价格既包括采购品本身的成本，也包括所有附加费用，如运输费用。

对于较复杂的产品、服务或成果，还需要确定和记录其他选择标准。可能的供方选择标准如下。

（1）对需求的理解。卖方建议书对采购工作说明书的响应情况如何？

（2）总成本或生命周期成本。如果选择某个卖方，是否能导致总成本（采购成本加运营成本）最低？

（3）技术能力。卖方是否拥有或能合理获得所需的技能与知识？

（4）风险。工作说明书中包含多少风险？卖方将承担多少风险？卖方如何减轻风险？

（5）管理方法。卖方是否拥有或能合理开发出相关的管理流程和程序，以确保项目成功？

（6）技术方案。卖方建议的技术方法、技术、解决方案和服务是否满足采购文件的要求？或者，他们的技术方案将导致比预期更好还是更差的结果？

（7）担保。卖方承诺在多长时间内为最终产品提供何种担保？

（8）财务实力。卖方是否拥有或能合理获得所需的财务资源？

（9）生产能力和兴趣。卖方是否有能力和兴趣来满足潜在的未来需求？

（10）企业规模和类型。如果买方或政府机构规定了合同必须授予特定类型的企业，如小型企业（弱势和需特别扶持的企业等），那么卖方企业是否属于相应的类型？

（11）卖方以往的业绩。卖方过去的经验如何？

（12）证明文件。卖方能否出具来自先前客户的证明文件，以证明卖方的工作经验和履行合同情况？

（13）知识产权。对其将使用的工作流程或服务，或者对其将生产的产品，卖方是否已声明拥有知识产权？

（14）所有权。对其将使用的工作流程或服务，或者对其将生产的产品，卖方是否已声明拥有所有权？

5. 自制或外购决策

通过自制或外购分析，做出某项特定工作最好由项目团队自己完成还是需要外购的决策。如果决定自制，那么可能要在采购计划中规定组织内部的流程和协议。如果决定外购，那么要在采购计划中规定与产品或服务供应商签订协议的流程。

9.2 采购实施

采购实施是获取卖方应答、选择卖方并授予合同的过程。本过程的主要作用是：通过达成协议，使内部和外部干系人的期望协调一致。

在实施采购过程中，项目团队将会收到投标书或建议书，并按照事先拟定的选择标准，选择一个或多个有资格履行工作且可接受的卖方。

9.2.1 采购实施过程

项目采购包括以下几个过程，这些过程之间可能与其他知识域的过程相互作用，而且每个过程都涉及不同干系人的工作。虽然这里把各个过程分开来进行描述，但实际上他们可能是相互重叠的。

（1）采购计划编制。采购计划可以决定何时采购何物。这一过程包括：确定产品需求，并通过自制和外购决策来决定是通过自己内部产生还是采购来满足需求；确定合同的类型；编制采购管理计划和工作说明书。

（2）招标计划编制。编制产品需求和鉴定潜在的采购来源。该过程包括：编写并发布采购文件或建议邀请书；制定招标评审标准。

（3）招标。依据情况获得报价、投标或建议书。该过程包括：发布采购广告；召开投标会议；获得标书或建议书。

（4）选择承包商或供应商。选择潜在的卖方。这一过程包括筛选潜在承包商、供应商和合同谈判。

（5）合同管理。管理与卖方的关系。这个过程包括监督合同的履行，进行支付等，有时还涉及合同的修改。

（6）合同收尾。合同的完成和解决，包括任何为关闭事项的解决。这个过程包括产品检验、结束合同、文件归档等。

9.2.2　招标与投标

通过招标与投标方式来确定开发方或软件、硬件提供商是大型软件项目普遍采用的一种形式。项目招标是指招标人根据自己的需要，提出一定的标准或条件，向潜在投标商发出投标邀请的行为。

招标与投标的主要过程包括以下 5 个内容。

1. 编写招标书

招标书主要分为三大部分：程序条款、技术条款、商务条款。一般包含下列主要内容：招标公告（邀请函）、投标人须知、招标项目的技术要求及附件；投标书格式、投标保证文件、合同条件（合同的一般条款及特殊条款）、设计规范与标准、投标企业资格文件和合同格式等。

（1）招标公告（投标邀请函）。主要包括招标人的名称、地址、联系人及联系方式等；招标项目的性质、数量；招标项目的地点和时间要求；对投标人的资格要求；获取招标文件的办法、地点和时间；招标文件售价；投标时间、地点及需要公告的其他事项。

（2）投标人须知。本部分由招标机构编制，是招标的一项重要内容，着重说明本次招标的基本程序；投标者应遵循的规定和承诺的义务；投标文件的基本内容、份数、形式、有效期和密封及投标其他要求；评标的方法、原则、招标结果的处理、合同的授予及签订方式、投标保证金。

（3）招标项目的技术要求及附件。这是招标书最重要的内容。主要由使用单位提供资料，由使用单位和招标机构共同编制。具体内容包括招标编号、设备名称、数量、交货日期、设备的用途及技术要求、附件及备件、技术文件、培训及技术服务要求、安装调试要求、人员培训要求、验收方式和标准、报价和保价方式、设备包装和运输要求等。

（4）投标书格式。此部分由招标公司编制，投标书格式是对投标文件的规范要求。

其中包括投标方授权代表签署的投标函，说明投标的具体内容和总报价，并承诺遵守招标程序和各项责任、义务，确认在规定的投标有效期内，投标期限所具有的约束力。此外还包括技术方案内容的提纲和投标价目表格式等。

（5）投标保证文件。投标保证文件是确保投标有效的必须检查的文件。投标保证文件一般采用 3 种形式：支票、投标保证金和银行保函。投标保证金有效期要长于标书有效期，和履约保证金相衔接。投标保函由银行开具，即借助银行信誉投标。企业信誉和银行信誉是企业进入国际大市场的必要条件。投标方在投标有效期内放弃投标或拒签合同，招标公司有权没收保证金以弥补在招标过程中蒙受的损失。

（6）合同条件。这也是招标书的一项重要内容。此部分内容是双方经济关系的法律基础，因此对招、投标方都很重要。由于项目的特殊要求需要提供的补充合同条款，如支付方式、售后服务、质量保证、主保险费用等特殊要求，在招标书技术部分专门列出。但这些条款不应过于苛刻，更不允许（实际也做不到）将风险全部转嫁给中标方。

（7）设计规范。它（有的设备需要，如通信系统、计算机设备）是确保设备质量的重要文件，应列入招标附件中。技术规范应对工程质量、检验标准做出较为详尽的保证，也是避免发生纠纷的前提。技术规范包括：总需求、工程概况、分期工程对系统功能、设备和施工技术、质量的要求等。

（8）投标企业资格文件。这部分要求由招标机构提出。要求提供企业许可证及其他资格文件，如 ISO 9001、CMM 证书等。另外还要求提供业绩说明。

一个招标书部分示例如图 9-1 所示，限于篇幅，读者可自行从相关网络上查找采购招标文件实例的详细内容。

网络设备项目政府采购

公开招标文件

招标编号：ZZCG2015W-GK-023
浙江省政府采购中心
2015年10月23日

招 标 目 录

注：其中附件包含7个附件，分别是投标承诺、开标一览表、技术参数对照表、商务条款应对表、法定代表人授权书、投标方一般情况说明、投标书格式。

图 9-1　招标书部分示例

2. 广告

在大众出版物（如报纸）或专业出版物上刊登广告，往往可以扩充现有的潜在卖方名单。有些组织使用在线资源招揽供应商。对于某些类型的采购，政府机构可能被要求公开发布广告，或者在互联网上公布采购信息。

3. 投标人会议

投标人会议（又称承包商会议、供货商会议或投标前会议）就是在投标书或建议书提交之前，在买方和所有潜在卖方之间召开的会议。会议的目的是保证所有潜在卖方对采购要求都有清楚且一致的理解，保证没有任何投标人会得到特别优惠。为公平起见，买方必须尽力确保每个潜在卖方都能听到任何其他卖方所提出的问题，以及买方所做出的每个回答。可以运用相关技术来促进公平，例如，在召开会议之前就收集投标人的问题或安排投标人考察现场。要把对问题的回答，以修正案的形式纳入采购文件中。

4. 投标书/建议书评价

对于复杂的采购，如果要基于卖方对既定加权标准的响应情况来选择卖方，则应该根据买方的采购政策，规定一个正式的投标书/建议书评审流程。在授予合同之前，投标书/建议书评价委员会将做出他们的选择，并报管理层批准。表 9-1 为一个投标书/建议书评价样表。

表 9-1　　　　　　　　　　　　　　投标书/建议书评价样表

标准	权重	投标书/建议书 1		投标书/建议书 2		投标书/建议书 3	
		分级	评分	分级	评分	分级	评分
技术手段	30						
管理方法	20						
历史绩效	20						
价格	30						
总分数	100						

5. 采购谈判

采购谈判是指在合同签署之前，对合同的结构、要求及其他条款加以澄清，以取得一致意见。最终的合同措辞应该反映双方达成的全部一致意见。谈判的内容应包括责任、进行变更的权限、适用的条款和法律、技术和商务管理方法、所有权、合同融资、技术解决方案、总体进度计划、付款和价格等。谈判过程以形成买卖双方均可执行的合同文件而结束。

对于复杂的采购，合同谈判可以是一个独立的过程，有自己的输入（如各种问题或待决事项清单）和输出（如记录下来的决定）。对于简单的采购，合同的条款和条件可能是以前就已确定且不需要谈判的，只需要卖方接受。

项目经理可以不是采购谈判的主谈人。项目经理和项目管理团队的其他人员可以出席谈判会议，以便提供协助，并在必要时澄清项目的技术、质量和管理要求。

9.2.3　合同管理

根据建议书或投标书评价结果，那些被认为有竞争力，并且已与买方商定了合同草案（在授予之后，该草案就成为正式合同）的卖方，就是选定的卖方。一旦卖方选定，接下来就应该签订采购合同。

采购合同中包括条款和条件，也可包括其他条目，如买方就卖方应实施的工作或应交付的产品所做的规定。在遵守组织的采购政策的同时，项目管理团队必须确保所有协议都符合项目的具体需要。因应用领域不同，协议也可称做谅解、合同、分包合同或订购单。无论文件的复杂程度如何，合同都是对双方具有约束力的法律协议。它强制卖方提供指定的产品、服务或成果，强制买方给予卖方相应补偿。合同是一种可诉诸法院的法律关系。协议文件的主要内容会有所不同，但通常包括：工作说明书或可交付成果描述、进度基准、绩效报告、履约期限、角色和责任、卖方履约地点、价格、支付条款、交付地点、检查和验收标准、担保、产品支持、责任限制、费用和保留金、罚款、奖励、保险和履约担保、对分包商的批准、变更请求处理、合同终止条款和替代争议解决（ADR）方法。

签订软件项目（采购）合同时应该注意以下问题。

（1）规定项目实施的有效范围

经验表明，软件项目合同范围定义不当而导致管理失控是项目成本超支、时间延迟及质量低劣的主要原因。有时由于不能或者没有清楚地定义项目合同的范围，以致在项目实施过程中不得不经常改变作为项目灵魂的项目计划，相应的变更也就不可避免地发生，从而造成项目执行过程中的被动。所以，强调对项目合同范围的定义和管理，对项目涉及的任何一方来说，都是必不可少和非常重要的。当然，在合同签订的过程中，还需要充分听取产品服务提供商的意见，他们可能在其优势领域提出一些建设性的建议，以便合同双方达成共识。

（2）合同的付款方式

对于软件项目的合同而言，很少有一次性付清合同全款的做法。一般都是将合同期划分为若干个阶段，按照项目各个阶段的完成情况分期付款。在合同条款中必须明确指出分期付款的前提条件，包括付款比例、付款方式、付款时间、付款条件等。付款条件是一个比较敏感的问题，是客户制约承包方的一个首选方式。承包方要获得项目款项，就必须在项目的质量、成本和进度方面进行全面有效的控制，在成果提交方面，以保证客户满意为宗旨。因此，签订合同时在付款条件上规定得越详细、越清楚越好。

（3）合同变更索赔带来的风险

软件项目开发承包合同存在着区别于其他合同的明显特点，在软件的设计与开发过程中，存在着很多不确定因素，因此，变更和索赔通常是合同执行过程中必然要发生的事情。在合同签订阶段就明确规定变更和索赔的处理办法可以避免一些不必要的麻烦。变更和索赔所具有的风险，不仅包括投资方面的风险，而且对项目的进度乃至质量都可能造成不利的影响。因为有些变更和索赔的处理需要花费很长的时间，甚至造成整个项目的停顿。尤其是对于国外的软件提供商，他们的成本和时间概念特别强，客户很可能由于管理不善造成提供商索赔。索赔是提供商对付业主（客户）的一个有效的武器。

（4）系统验收的方式

不管是项目的最终验收，还是阶段验收，都是表明某项合同权利与义务的履行和某项工作的结束，表明客户对提供商所提交的工作成果的认可。从严格意义上说，成果一经客户认可，便不再有返工之说，只有索赔或变更之理。因此，客户必须高度重视系统验收这道手续，在合同条文中对有关验收工作的组织形式、验收内容、验收时间甚至验收地点等做出明确的规定，验收小组成员中必须包括系统建设方面的专家和学者。

（5）维护期问题

系统最终验收通过之后，一般都有一个较长的系统维护期，这期间客户通常保留着 5%～10% 的合同费用。签订合同时，对这一点也必须有明确的规定。当然，这里规定的不只是费用问题，更重要的是规定提供商在维护期应该承担的义务。对于软件项目开发合同来说，系统的成功与否并不能在系统开发完毕的当时就能做出鉴别，只有经过相当长时间的运行才能逐渐显现出来。

9.3　采购控制

控制采购是管理采购关系、监督合同执行情况，并根据需要实施变更和采取纠正措施的过程。本过程的主要作用是，确保买卖双方履行法律协议，满足采购需求。

常见的采购控制方法有以下 2 种。

1. 采购绩效审查

采购绩效审查是一种结构化的审查，依据合同来审查卖方在规定的成本和进度内完成项目范围和达到质量要求的情况。包括对卖方所编文件的审查、买方开展的检查，以及在卖方实施工作期间进行的质量审计。绩效审查的目标在于发现履约情况的好坏、相对于采购工作说明书的进展情况，以及未遵循合同的情况，以便买方能够量化评价卖方在履行工作时所表现出来的能力。这些审查可能是项目状态审查的一个部分。在项目状态审查时，通常要考虑关键供应商的绩效情况。

2. 索赔管理

如果买卖双方不能就变更补偿达成一致意见，甚至对变更是否已经发生都存在分歧，那么被请求的变更就成为有争议的变更或潜在的推定变更。有争议的变更也称为索赔、争议或诉求。在整个合同生命周期中，通常应该按照合同规定对索赔进行记录、处理、监督和管理。如果合同双方无法自行解决索赔问题，则需要按照合同中规定的替代争议解决（ADR）程序进行处理。谈判是解决所有索赔和争议的首选方法。

9.4　采购结束管理

结束采购是完结单次项目采购的过程。本过程的主要作用是，把合同和相关文件归档以备将来参考。

采购结束管理的一个重要工作就是采购审计，采购审计是指对从采购管理规划过程到采购控制过程的所有采购过程进行结构化审查。其目的是找出合同准备或管理方面的成功经验与失败教训，供本项目其他采购合同或执行组织内其他项目的采购合同借鉴。

采购结束过程还包括一些行政工作，例如，处理未决索赔、更新记录以反映最后的结果，以及把信息存档供未来使用等。采购结束后，未决争议可能需要进入诉讼程序。合同条款和条件可以规定结束采购的具体程序。结束采购过程通过确保合同协议完成或终止，来支持项目结束管理过程。

合同提前终止是结束采购的一个特例。合同可由双方协商一致而提前终止，或因一方违约而提前终止，或者为买方的便利而提前终止（如果合同中有这种规定）。合同终止条款规定了双方对提前终止合同的权利和责任。根据这些条款，买方可能有权因各种原因或仅为自己的便利，而随时终止整个合同或合同的某个部分。但是，根据这些条款，买方应该就卖方为该合同或该部分所做的准备工作给予补偿，就该合同或该部分中已经完成和验收的工作支付报酬。

9.5　案例研究

案例一　苹果公司采购与供应链管理

（一）Apple 采购管理

得益于庞大的采购量，使得苹果在零部件成本、制造费用以及空运费用中获得了巨大的折扣，有时甚至有些不近人情。因为消费者众多，所需零部件也在不断增加。例如，苹果每年需要支付给三星零部件采购费用超过 70 亿美元。

苹果是三星的最大客户，其 2011 年收入总额 1090 亿美元中苹果占比达 7.6%。三星上游供应链厂商指出，诉讼后苹果和三星仍有可能继续维持供应链合作关系。在去年的诉讼高发期，三星仍然为苹果的 iPhone 和 iPad 供应核心 A5 逻辑芯片。但也有人认为，苹果似乎不想再让三星控制全球的芯片市场。苹果公司近期向日本尔必达公司广岛工厂下达大笔 DRAM 芯片订单，占苹果芯片需求的三成。苹果此举是希望辅助尔必达与三星芯片市场对抗，以维持公司的谈判能力。

（1）减少供应商数量

苹果将原先庞大的供应商的数量减少至一个较小的核心群体，开始经常给供应商传送预测信息，共同应对因各种原因导致的库存剧增风险。但是，苹果对供应商也提出了一系列苛刻的完美主义要求，无论何时，如果一个项目没有达到要求，苹果都会要求供应商在 12 小时内做出根本原因的分析和解释。

（2）减少产品种类

这是整个改革中最基础的环节，苹果把原先的 15 种以上的产品样式消减到 4 种基本的产品样式，并尽可能使用更多标准化部件，从而大大地减少了产品生产的零部件的备用数量以及半成品的数量，能够将精力更集中于定制产品，而不是为大量的产品搬运大量存货。譬如，iPod nano 几乎使用了所有的通用 IC，从而减少了在元件准备上的时间和库存。2007 年，苹果获得了快速的存货周转水平和高速的业绩增长（38.6%）。

（3）提供更多无形产品

迄今为止，苹果公司的需求预测、库存管理仍非常糟糕，但是，苹果通过提供 iTunes 音乐商店服务，让消费者把钱大把地花费在一个近 20 亿美元销售额的零库存商品供应链上。目前，苹果的在线 iTunes 音乐商店已经成为世界上第三大音乐零售商，仅次于沃尔玛和百思买。

（二）Apple 供应商管理

苹果公司选择和管理供应商的方式是该公司取得成功的重要因素之一。苹果公司在选择新的供应商时重点评估质量、技术能力和规模。成本次之。而成为苹果公司的供应商绝非易事，竞争非常激烈，原因在于苹果公司的认可被视为对制造能力的认可。

在苹果公司最新的供应商名录上，可以看到 156 家公司的名单，其中包括三星、东芝和富士康。富士康以作为 iPhone 手机的主要组装公司而著称。然而，这些供应商的背后还有代表苹果公司向这些供应商供货的数百家二级和三级供应商。苹果公司几乎控制了这一复杂网络的各个部分，利用其规模和影响以最好的价格获得最佳产品并及时向客户供货。此外，苹果还通过观察供应商制造难以生产的样品考验每一家工厂——此阶段的技术投资由供应商负责。

苹果公司还有其他要求用以增强其对投入、收益和成本的控制。比如，苹果公司要求供应商从其推荐的公司那里购买材料。

随着时间的推移，苹果公司已经同这些供应商建立了强有力的合作关系，同时，还投资于特殊技术并派驻 600 名自己的工程师帮助供应商解决生产问题、提高工厂的效率。

与此同时，苹果公司一直寻找其他方法以丰富供应商队伍并提高议价能力。比如，富士康现在就有一个名为和硕联合科技股份有限公司（"和硕联合科技"）的竞争对手。和硕联合科技是一家小型的台湾公司，同苹果公司签署了生产低成本 iPhone5C 的协议。

很少有买家能有像苹果公司那样的业务范围或同样的需求。但是，苹果公司在选择、谈判和管理中采用的战略能够为任何从中国采购的公司提供一些经验。最主要的五大经验如下：

（1）拜访工厂

买家需要确定供应商是否有能力及时满足订单要求以及是否有能力生产高质量的

产品。工厂拜访还能够使买家了解供应商的员工人数和他们的技能水平。评估供应商的无形资产，包括供应商的领导能力以及增长潜力。比如，当要求供应商提供样品时，买家要提供非常具体的要求，并派驻自己的工程师监督生产流程以便了解样品是由供应商内部生产的而不是从它处采购的。

（2）谈判和监督并用

同一种产品使用不止一家供应商，以改善买家的议价能力并降低风险。当为合同开展谈判时，成本和质量都要重视。为有缺陷的产品建立缓冲并且为延迟交货谈判一个折扣。下单后，派本地代表拜访工厂并且在不同的阶段检查货物，以便能够介入和矫正缺陷。发货前检查非常重要，因为由于税收原因向中国退回有缺陷的产品代价非常高。买家应该密切监督供应商的表现。在建立合作关系的最初阶段，这一点尤为重要。

（3）了解供应商的供应商

供应链的能见度对于尽量减少有缺陷的产品和知识产权盗窃的风险以及控制成本来说非常必要。公司的实力也许比不上苹果公司，但公司必须了解采购的产品中使用的不同材料的出处。因为供应商为了节省成本经常更换他们自己的供应商，了解这一点尤其重要。

（4）准备好提供帮助

当公司确定了供应商名录中的优质供应商时，要准备好同这些供应商分享提高产品的想法，以便提高供应商所售产品的利润。这样做可以向供应商表明，降低成本（比如通过使用更便宜的材料）不是持续提高利润的唯一方法。公司还可以考虑培训等其他方法以提高供应商的员工的技能水平。

（5）经常沟通

最后，第三方报告和年度拜访不足以建立合作关系。而建立一个包括反馈在内的成熟的沟通机制则势在必行。这样可以避免误解的发生，同时在问题演变成危机前把问题解决掉。

理想的状态是，公司应当向供应商派驻一个具备业务知识和专业技能的现场团队，以便对供应商的工厂进行定期拜访，而不仅仅是当出现问题时才去拜访。如果目前无法采取这种做法，则要增加公司的总部工作人员拜访供应商的频率。

【案例问题】

1. Apple 公司的采购管理有哪些特点？
2. 分析 Apple 供应商管理的成功之处。
3. 管理采购管理，本案例带给我们哪些启发？

案例二　美国宇航局的 IT 多采购管理策略

最近，美国宇航局对开支的挖掘分析已经发展成了 IT 的变革，尤其突出的是，该机构的 IT 采购策略涉及 100 个合同，涉及宇航局的 10 个分支地点。在那些成果的最核心部分是一套 IT 治理策略，该策略包括该组织每一层次的个人。

　　NASA（美国航空航天局）每年在 IT 方面花费 171 亿美元，为了更好地管理围绕该机构称之为五项 IT 重任（桌面服务，企业应用，Web 服务，网络服务和数据中心服务）的采购工作，美国宇航局已经对供应商进行了分组，并且合并了这些竖井中的供应商数量。供应商们现在为不止一个站点提供服务，以前都是每个站点为某些服务选择自己的供应商。

　　美国宇航局的 IT 合同被在全国范围内的 10 个外地中心执行，其中有休斯顿的 Johnson 航天中心，佛罗里达州 Merritt 岛的肯尼迪航天中心和阿拉巴马州 Huntsville 的马歇尔航天中心。

　　Jonathan Pettus 是美国航天局马歇尔太空飞行中心的 CIO，他说："这些地点都在非常自主地运营。这就导致了各地的 IT 基础设施环境多少有些脱节，这就使得工程师和科学家们跨我们的业务中心协作起来非常困难。"这也意味着服务有重复性，IT 开支利用率也不高。

　　在 Forrester 研究公司上周在芝加哥举行的服务与采购论坛上，Pettus 讨论了该组织的新系统 IT 治理策略和 IT 多采购策略。

　　多采购策略是像美国航天局这种大型组织常用的方法，美国航天局运行着八千个网站（其中有两千个是面向公众的），拥有 3700 名全职 IT 员工，包括三千家承包商。John McCarthy 是 Forrester 研究公司的副总裁和首席分析师，他说它（多采购）可以帮助企业分散风险，确保在各家供应商之间存在竞争，削减有关重复服务合同的成本，提高质量。

　　McCarthy 说："那种认为选择单一的供应商环境（运行 IT）多少会更容易的观点……取决于你如何度量结果。如果你管理唯一一家供应商关系，管理压力在你这边，但是在多采购环境中，你可以让他们互相牵制。"

　　尽管如此，多采购也需要内部治理。McCarthy 把有效的采购管理比作是一个金字塔，其中塔尖应该由首席运营官、CIO 和其他业务领导组成的指导委员会构成；中间层监管整个项目管理，由负责供应商管理的主管，IT 职能领域（比如应用或者存储）的副总裁以及项目管理办公室的负责人组成；最底层由 IT 运营员工和频繁与应用系统打交道的业务经理们组成。

　　为了实施 IT 多采购管理策略，美国宇航局设置了四个层次的方法来评估 IT 采购活动和供应商选择。该流程包括了所有人，包括美国宇航局最高主管。

　　这四个治理层次与 Forrester 研究公司描述的金字塔有点类似。最顶层是一个管理委员会，由美国宇航局 CEO 主持，来监管战略层面的 IT 采购活动。Pettus 说："这就说明我们得到了自上而下的认同和支持。IT 过去一直被排挤在最底层，现在情况变化了。"

　　采购策略的实施变成了 IT 策略和投资委员会的职责，该委员会由高级业务领导们组成。该小组每季度举行一次会议，并就优先级和选择 IT 投资，设定关于企业架构和美国宇航局范围内的 IT 策略和流程等方面做决策。

　　IT 项目管理委员会对于应用和基础设施项目做决策，确保审批的投资在设计和实施期间一直在正确的轨道上。

最后，IT 管理委员会每周开会，负责监督 IT 服务交付的供应商，技术标准和运营问题，确保 IT 采购活动全面平稳进行。

此外，美国宇航局决定采用第三版 IT 基础设施库（ITIL）进行实施和变更控制。Pettus 说，虽然"ITIL 不是银弹"，但该组织也正在把它当前服务供应商与 ITIL 框架保持一致，为未来的供应商建立请求和审批流程，寻求关于他们如何能把他们的服务接入到美国宇航局的系统中的具体反馈意见。

Pettu 说："最重要的部分是获得一个端对端的，无缝衔接的环境。在如何选择各种服务，如何把那些服务捆绑到我们的五项重要 IT 工作中等方面，我们将变得更加智能，集成度更高。"

【案例问题】

1. 结合本案例，简述采购管理的必要性。
2. 美国宇航局 IT 多采购管理策略的核心是什么？
3. IT 多采购管理策略给美国宇航局带来什么样的好处？
4. 通过本案例，你认为采购管理的关键是什么？

习题与实践

一、习题

1. 软件项目采购管理主要过程有哪些？
2. 招标书编制主要包含哪些内容？
3. 在投标决策时应考虑哪些因素？
4. 简述签订软件项目合同时应注意哪些问题。
5. 如何进行软件项目采购管理？
6. 简述项目合同收尾阶段的管理任务。

二、实践

1. 查找相关资料，说明我国软件外包企业是如何进行项目管理的。
2. 上网收集资料，说明我国在政府采购方面都有哪些规定。
3. 上网了解世界著名 IT 企业采购管理的先进做法。

第10章
整体管理

项目整体管理整合了项目管理过程组的各种过程和活动而开展的过程与活动。在项目管理中，"整合"兼具统一、合并、沟通和集成的性质，对受控项目从执行到完成、成功管理干系人期望和满足项目要求，都至关重要。项目整合管理包括选择资源分配方案、平衡相互竞争的目标和方案，以及管理项目管理知识域之间的依赖关系。虽然各项目管理过程通常以界限分明、相互独立的形式出现，但在实践中它们会相互重叠、相互作用。

当管理过程之间发生相互作用时，项目整合管理就显得非常必要。例如，为应急计划制定成本估算时，就需要整合项目成本、时间和风险管理知识域中的相关过程。在识别出与各种人员配备方案有关的额外风险时，可能又需要再次进行上述某个或某几个过程。项目的可交付成果可能也需要与执行组织、需求组织的持续运营活动相整合，并与考虑未来问题和机会的长期战略计划相整合。项目整合管理还包括开展各种活动来管理项目文件，以确保项目文件与项目管理计划及可交付成果（产品、服务或能力）的一致性。

项目整体管理过程贯穿项目管理所有阶段，包括项目启动阶段的制定项目章程；项目规划阶段的制定项目管理计划；项目执行和控制阶段的项目执行指导与管理、项目工作监控、项目整体变更控制；以及项目收尾阶段的项目收尾管理。

10.1　制定项目章程

项目章程是项目启动阶段正式批准的项目文件。从某种意义上说，项目章程实际上就是有关项目的要求和项目实施者的责、权、利的规定。项目章程多数由项目出资人或项目发起人制定和发布，它给出了关于批准项目和指导项目工作的主要要求，所以它是指导项目实施和管理工作的根本大法。项目章程规定了项目经理的权限及其可使用的资源，所以项目经理多数应该在项目章程发布的时候就确定下来，以便他们能更好地参与确定项目的计划和目标。

10.1.1　制定项目章程的依据

制定项目章程需要依据如下信息。

1. 项目工作说明

工作说明书（Statement of Work，SOW）是对项目所需交付的产品或服务的叙述性说明。对于内部项目，项目启动者或发起人根据业务需要及对产品或服务的需求，来提供工作说明书。对于外部项目，工作说明书则由客户提供，可以是招标文件（例如，建议邀请书、信息邀请书、投标邀请书）的一部分，或合同的一部分。SOW须涉及：

（1）商业论证。商业论证中，进行业务需要和成本效益分析，对项目进行论证。

（2）产品范围描述。记录项目所需产出的产品的特征，以及这些产品或服务与项目所对应的业务需求之间的关系。

（3）战略计划。战略计划文件记录了组织的愿景、目的和目标，也可包括高层级的使命阐述。所有项目都应该支持组织的战略计划。确认项目符合战略计划，才能确保每个项目都能为组织的整体目标做贡献。

2. 商业论证

商业论证或类似文件能从商业角度提供必要的信息，决定项目是否值得投资。为证实项目的价值，在商业论证中通常要包含业务需求和成本效益分析等内容。对于外部项目，可以由项目发起组织或客户撰写商业论证。可基于以下一个或多个原因而编制商业论证：

（1）市场需求（如为方便旅客购票，某公司批准一个在线购票软件项目）。

（2）组织需要（如为了提高办公效率，某组织决定开发一个办公自动化系统）。

（3）客户要求（如为了提高销售业绩，某商业公司批准一个电子商务网站建设项目）。

（4）技术进步（如在电脑存储和电子技术取得进步之后，某电子公司批准一个项目，来开发更快速、更便宜、更小巧的笔记本电脑）。

（5）法律要求（如开发一个网站项目，来在线指导有毒物质处理指南）。

（6）生态影响（如某公司实施一个监测系统来减轻对环境的影响）。

（7）社会需要（如为应对霍乱频发，某发展中国家的非政府组织批准一个项目，来为社区建设饮用水系统和公共厕所，并开展卫生教育）。

以上每个例子中都包含风险因素，这些因素应该加以考虑。在多阶段项目中，可通过对商业论证的定期审核，来确保项目能实现其商业利益。在项目生命周期的早期，项目发起组织对商业论证的定期审核，也有助于确认项目是否仍然必要。项目经理负责确保项目有效地满足在商业论证中规定的组织目的和广大干系人的需求。

3. 合同

如果项目是为外部客户而做的，则合同是本过程的依据之一。

4. 其他

可能影响制定项目章程过程的因素还包括：政府或行业标准、组织文化、市场条件、组织政策、约束条件、历史项目信息与经验教训。

10.1.2 项目章程

项目章程记录业务需要、对客户需求的理解，以及需要交付的新产品、服务或成果，例如：

（1）项目目的或批准项目的原因。

（2）可测量的项目目标和相关的成功标准。

（3）项目的总体要求。

（4）概括性的项目描述和边界定义。

（5）项目的主要风险。

（6）总体里程碑进度计划。

（7）总体预算。

（8）项目审批要求（用什么标准评价项目成功，由谁对项目成功下结论，由谁来签署项目结束）。

（9）委派的项目经理及其职责和职权。

（10）发起人或其他批准项目章程的人员的姓名和职权。

上述基本内容既可以直接列在项目章程中，也可以是援引其他相关的项目文件。同时，随着项目工作的逐步展开，这些内容也会在必要时随之更新。

项目章程的主要作用有：

（1）正式宣布项目的存在，对项目的开始实施赋予合法地位。

（2）粗略地规定项目的范围，这也是项目范围管理后续工作的重要依据。

（3）正式任命项目经理，授权其使用组织的资源开展项目活动。

一个软件项目章程的模板如表 10-1 所示。

表 10-1　　　　　　　　　　　　项目章程模板

1. 项目基本信息			
*项目名称			
项目开始时间		项目完成时间	
*主要承接部门			
*参与部门			
*项目风险等级			
文档历时（版本）	日期	作者	变更原因
*	*	*	*
2. 角色和职责			
角色	姓名	职位	联系方式
*项目经理			
*系统分析员			
*需求确认者			

其他人员			
团队成员			
团队成员			
团队成员			
……			
客户代表			
客户代表			
……			

3. 供应商

名称	公司/角色	电话	Email

4. 项目描述

项目目标：

项目交付物：

1.

项目不包含内容描述：

项目里程碑：

关键风险：

1.

假设和约束：

外部依赖：

续表

项目验收：	

5. 财务/资源信息
项目预算：
项目激励：
资源预算：

角色	小时

6. 签署

	姓名	签署	日期
总经理			
项目经理			
团队成员 1			
团队成员 2			
团队成员 3			
……			
客户代表			

7. 备注

10.2　制定项目管理计划

制定项目管理计划是对定义、编制、整合和协调所有子计划所必需的行动进行记录的过程。项目管理计划确定项目的执行、控制和收尾方式，其内容会因项目的复杂性和所在应用领域而异。编制项目管理计划，需要整合一系列相关过程，而且要持续到项目收尾。本过程将产生一份项目管理计划。该计划需要通过不断更新来逐渐明细，这些更新需要由项目整体变更控制过程（见 10.5 节）进行控制和批准。

根据项目章程，其他子计划、约束条件、组织文化等信息，通过专家判断等方法制定项目管理计划。项目管理计划是说明项目将如何执行、监督和控制的一份文件，它合并与整合了其他子管理计划和项目基准。

子管理计划主要包括以下计划。

（1）范围管理计划。

（2）需求管理计划。

（3）进度管理计划。

（4）成本管理计划。

（5）质量管理计划。

（6）人力资源管理计划。

（7）干系人管理计划。

（8）沟通管理计划。

（9）风险管理计划。

（10）采购管理计划。

项目基准主要包括以下基准。

（1）范围基准。

（2）进度基准。

（3）成本基准。

通常将范围、进度和成本基准合并为一个绩效测量基准，作为项目的整体基准，以便据此测量项目的整体绩效。

另外，项目管理计划还可能包括以下内容。

（1）所使用的项目管理过程。

（2）每个特定项目管理过程的执行程度。

（3）完成这些过程的工具和技术的描述。

（4）选择的项目的生命周期和相关的项目阶段。

（5）如何用选定的过程来管理具体的项目。

（6）如何执行工作来完成项目目标。

（7）如何监督和控制变更。

（8）如何实施配置管理。

（9）如何维护项目绩效基线的完整性。

（10）与项目干系人进行沟通的要求和技术。

（11）为处理未决问题和制定决策所开展的关键管理审查，包括内容、程度和时间安排等。

10.3　项目执行指导与管理

项目执行指导与管理是为实现项目目标而领导和执行项目管理计划中所确定的工作，并实施已批准变更的过程。本过程的主要作用是，对项目工作提供全面管理。

项目经理与项目管理团队一起指导实施已计划好的项目活动，并管理项目内的各种技术接口和组织接口。项目经理还应该管理所有的计划外活动，并确定合适的行动方案。具体说来，项目执行指导与管理的主要工作包括如下内容。

（1）开展活动以实现项目目标。

（2）创造项目的可交付成果，完成规划的项目工作。

（3）配备、培训和管理项目团队成员。

（4）获取、管理和使用资源，包括材料、工具、设备与设施。

（5）执行已计划好的方法和标准。

（6）建立并管理项目团队内外的项目沟通渠道。

（7）生成工作绩效数据（如成本、进度、技术和质量进展情况，以及状态数据），为预测提供基础。

（8）提出变更请求，并根据项目范围、计划和环境来实施批准的变更。

（9）管理风险并实施风险应对活动。

（10）管理卖方和供应商。

（11）管理干系人及他们在项目中的参与。

（12）收集和记录经验教训，并实施批准的过程改进活动。

在项目执行过程中，还须收集工作绩效数据，并进行适当的处理和沟通。工作绩效数据包括可交付成果的完成情况和其他与项目绩效相关的细节，工作绩效数据是项目控制过程的重要依据。

项目执行指导与管理工作还须对项目所有变更的影响进行审查，并实施已批准的变更，包括如下内容。

（1）项目管理计划一致而进行的有目的的活动。

（2）项目管理计划不一致而进行的有目的的活动。

（3）缺陷补救。为了修正不一致的产品或产品组件而进行的有目的的活动。

10.4　项目工作监控

监控项目工作（Monitor and Control Project Work）是跟踪、审查和报告项目进展，以实现项目管理计划中确定的绩效目标的过程。本过程的主要作用是，让干系人了解项目的当前状态、已采取的步骤，以及对预算、进度和范围的预测。

监督是贯穿于整个项目的项目管理活动之一，包括收集、测量和发布绩效信息，分析测量结果和预测趋势，以便推动过程改进。持续的监督使项目管理团队能洞察项目的健康状况，并识别须特别关注的任何方面。控制包括制定纠正或预防措施或重新规划，并跟踪行动计划的实施过程，以确保它们能有效解决问题。

项目工作监控过程关注以下内容。

（1）把项目的实际绩效与项目管理计划进行比较。

（2）评估项目绩效，决定是否需要采取纠正或预防措施，并推荐必要的措施。

（3）识别新风险，分析、跟踪和监测已有风险，确保全面识别风险，报告风险状态，并执行适当的风险应对计划。

（4）在整个项目期间，维护一个准确且及时更新的信息库，以反映项目产品及相关文件的情况。

（5）为状态报告、进展测量和预测提供信息。

（6）做出预测，以更新当前的成本与进度信息。

（7）监督已批准变更的实施情况。

（8）如果项目是项目集的一部分，还应向项目集管理层报告项目进展和状态。

为了监督和控制项目执行情况，需要建立正式的汇报机制，并确定工作汇报的形式，让团队定期汇报所分配的任务的完成情况，例如，应基于所分配任务的天数与星期，定期召开项目例会、提交项目内部工作报告（如表 10-2 所示）等。

表 10-2　　　　　　　　　　　　本周工作报告

文件名称	××子项目完成情况		文件编号	2015×××	
序号	本周计划工作 WBS	责任人	完成情况	未完成原因	纠正措施
1					
2					
3					
4					
5. 主要项目风险和问题分析					
6. 来自客户的意见					
7. 下周计划					
8. 其他事项					

10.5　项目整体变更控制

整体变更控制是审查所有变更请求，批准变更，管理对可交付成果、组织过程资产、项目文件和项目管理计划的变更，并对变更处理结果进行沟通的过程。该过程审查所有针对项目文件、可交付成果、基准或项目管理计划的变更请求，并批准或否决这些变更。本过程的主要作用是：从整合的角度考虑记录在案的项目变更，从而降低因未考虑变更对整个项目目标或计划的影响而产生的项目风险。

项目的任何干系人都可以提出变更请求。尽管也可以口头提出，但所有变更请求都必须以书面形式记录，并由变更控制系统和配置控制系统中规定的过程进行处理；同时应该评估变更对时间和成本的影响，并向这些过程提供评估结果。

每项记录在案的变更请求都必须由一位责任人批准或否决，这个责任人通常是项目发起人或项目经理。应该在项目管理计划或组织流程中指定这位责任人。必要时，应该由变更控制委员会（Change Control Board，CCB）来开展实施整体变更控制过程。CCB 是一个正式组成的团体，负责审查、评价、批准、推迟或否决项目变更，以及记录和传达变更处理决定。变更请求得到批准后，可能需要编制新的（或修订的）成本估算、活动排序、进度日期、资源需求和风险应对方案分析。这些变更可能要求调整项目管理计划和其他项目文件。变更控制的实施程度，取决于项目所在应用领域、项目复杂程度、合同要求，以及项目所处的背景与环境。某些特定的变更请求，在 CCB 批准之后，还可能需要得到客户或发起人的批准，除非他们本来就是 CCB 的成员。

整体变更控制过程贯穿项目始终，项目经理对此负最终责任。需要通过谨慎、持续地管理变更，来维护项目管理计划、项目范围说明书和其他可交付成果。应该通过否决或批准变更，来确保只有经批准的变更才能纳入修改后的基准中。

项目整体变更控制过程如图 10-1 所示。

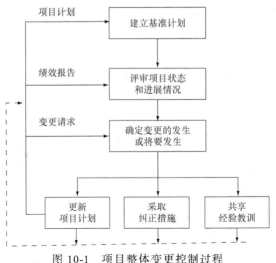

图 10-1　项目整体变更控制过程

10.6　项目收尾管理

项目收尾是完结所有项目管理过程组的所有活动，是项目全过程的最后阶段。本过程的主要作用是：正式结束项目工作，总结经验教训，为开展新工作而释放组织资源。

无论是成功还是失败，收尾工作都是必要的。如果没有这个阶段，一个项目就很难算全部完成。对于软件项目，收尾阶段包括项目验收、项目移交或清算、项目后评价等工作。在这一阶段，项目干系人之间可能发生较大冲突，需要进行有效的管理，适时做出正确的决策，总结分析项目的经验教训，为以后的项目管理提供有益的经验。

10.6.1　项目结束

项目结束有两种情况，一是项目任务已顺利完成，项目目标已成功实现，这种状况下的项目结束为"项目正常结束"（成功）；二是项目任务无法完成、项目目标无法实现而提前终止项目实施的情况，这种状况下的项目结束为"项目非正常结束"（失败）。

（1）项目成功与失败的标准

评定项目成功与失败的标准主要有 3 个：是否有可交付的合格成果；是否实现了项目目标；是否达到项目客户的期望。如果项目产生了合格可交付成果，实现了预定的目标，达到了客户的预期期望，项目干系人比较满意，这就是很成功的项目。即使有一定的偏差，但只要多方努力，能够得到大多数人的认可，项目也是成功的。但是对于失败的界定就比较复杂，不能简单地说项目没有实现目标就是失败的，也可能目标不合理，即使达到了目标，但客户的期望没有解决，这也是不成功的项目。项目的失败对企业会造成巨大的影响，研究项目失败的原因显得尤为重要。

（2）项目结束条件

当出现下列条件之一时可以结束项目。

- 项目计划中确定的可交付成果已经出现，项目的目标已经成功实现。
- 由于各种原因导致项目无限期拖长。
- 项目出现了环境的变化，对项目的未来形成负面影响。
- 项目所有者的战略发生了变化，项目与项目所有者组织不再有战略的一致性。
- 项目已经不具备实用价值，难以同其他更领先的项目竞争，难以生存。

10.6.2　项目验收

项目验收是检查项目是否符合各项要求的重要环节，也是保证产品质量的最后关口。在正式移交之前，客户一般都要对已经完成的工作成果和项目活动进行重新审核，也就是项目验收。软件项目的验收包含以下 4 个层次的含义。

（1）开发方按合同要求完成了项目工作内容。

（2）开发方按合同中有关质量、资料等条款要求进行了自检。

（3）项目的进度、质量、工期、费用均满足合同的要求。

（4）客户方按合同的有关条款对开发方交付的软件产品和服务进行确认。

项目验收主要包括项目质量验收和项目文件验收。

1．项目质量验收

项目质量验收主要验证可交付成果是否达到既定的目标，是否满足客户的需求。合同是质量验收的重要依据，也可参照国际惯例、行业标准及相关政策法规进行验收。

软件项目质量验收的主要方法包括测试和评审，为了核实软件项目是否按规定完成，需要对交付的设备和软件产品等进行测试和评审。质量验收后，参加验收的项目团队和接受方人员应在事先准备好的文件上签字，表示接受方已正式认可并验收全部或阶段性成果。一般情况下，这种认可和验收可以附有一定的条件，例如，软件开发项目验收和移交时，可以规定以后发现软件有问题时仍然可以找开发人员进行修改。

质量验收的结果是产生质量验收评定报告和项目技术资料。项目最终质量报告的质量等级一般分为"合格""优良""不合格"等多级。对于不合格的项目不予通过验收。项目的质量检验评定报告经汇总形成的相应的技术资料是项目资料的重要组成部分。

内部验收记录示例表，验收结果汇总示例表，以及软件质量发布示例表分别见表 10-3、表 10-4 和表 10-5。

表 10-3　　　　　　　　　　　　内部验收记录表示例

内部验收组长		业务/技术代表	
测试代表		质量代表	
开始日期		结束日期	
验收活动描述			

表 10-4　　　　　　　　　　　　验收结果汇总表示例

验收产品名称	计划/实际交付时间比较	通过测试/评审时间	测试/评审意见	项目组意见	客户意见

表 10-5　　　　　　　　　　　　软件质量发布表示例

参数		公司定义	项目实际
缺陷库中缺陷清除率	一级缺陷		
	二级缺陷		
	三级缺陷		

参数		公司定义	项目实际
内部验收测试缺陷发现数	一级缺陷		
	二级缺陷		
	三级缺陷		
发布产品质量	一级缺陷		
	二级缺陷		
	三级缺陷		

2. 项目文件验收

项目资料是项目验收和质量保证的重要依据之一。项目资料是一笔宝贵的财富，因为它一方面可以为后续项目提供参考，便于以后查阅，为新的项目提供借鉴，同时也为项目的维护和改正提供依据。一个项目的文档资料将不断丰富企业的知识库。项目资料验收是项目产品验收的前提条件，只有项目资料验收合格，才能开始项目产品的验收。

文档的完整性和一致性审查是文档验收的重点，文档完整性验收表和一致性验收表格示例见如表 10-6 和表 10-7 所示。

表 10-6　　　　　　　　　　文档完整性验收表

提交文档	是否包含
需求文档规格说明书	

表 10-7　　　　　　　　　　文档一致性检查表

文档一致性	一致性检查符合比例（%）
需求规格说明书、用户手册与软件系统	

项目资料验收的主要程序如下。

（1）项目资料交验方按合同条款有关资料验收的范围及清单进行自检和预验收。

（2）项目资料验收的组织方按合同资料清单或国际、国家标准的要求分项一一进行验收、立卷、归档。

（3）对验收不合格或者有缺陷的，应通知相关单位采取措施进行修改或补充。

（4）交接双方对项目资料验收报告进行确认和签字。

在项目的不同阶段，验收和移交的文档资料也不同。在项目初始阶段，应当验收和移交的文档有：项目可行性研究报告及其相关附件、项目方案和论证报告、项目评估与决策报告等。但并不是所有的项目都具备这些文档，对于规模较小的项目文档资料只有其中的一部分。项目规划阶段应该验收和移交的文档资料包括：项目计划资料（包括进度、成本、质量、风险、资源等），项目设计技术文档（包括需求规格说明书、系统设计方案）等。项目实施阶段应该验收和移交的文档资料包括：项目全部可能的外购或者外包合同、各种变更文件资料、项目质量记录、会议记录、备忘录、各类执行文件、项目进展报告、各种事故处理报告、测试报告等。项目收尾阶段应该验收和移交的文档资料包括：质量验收报告、管理总结、项目评价等。

10.6.3　项目移交或清算

在项目收尾阶段，如果项目达到预期的目标，就是正常的项目验收、移交过程。如果项目没有达到预期的效果，项目已无可能或没有必要进行下去而提前终止，这种情况下的项目收尾就是清算，项目清算是非正常的项目结束过程。

1.　项目移交

项目移交是指项目收尾后，将全部的产品和服务交付给客户或用户。特别是对于软件项目，移交也意味着软件系统的正式运行，今后软件系统的全部管理和日常维护工作将移交给用户。项目验收是项目移交的前提，移交是项目收尾阶段的最后工作内容。

软件项目移交时，不仅需要移交项目范围内全部软件产品和服务、完整的项目资料文档、项目合格证书等资料，还包括移交对运行的软件系统的使用、管理和维护等资料。因此，在软件项目移交之前，对用户方系统管理人员和操作人员的培训是必不可少的，必须使得用户能够完全学会操作、使用、管理和维护该软件。

软件项目的移交成果包括以下一些内容。

（1）已经配置好的系统环境。

（2）软件产品，例如，软件光盘介质等。

（3）项目成果规格说明书。

（4）系统使用手册。

（5）项目的功能、性能技术规范。

（6）测试报告等。

这些内容需要在验收之后交付给客户。为了核实项目活动是否按要求完成，完成的结果如何，客户往往需要进行必要的检查、测试、调试、试验等活动，项目小组应为这些验证活动进行相应的指导和协作。

移交阶段具体的工作包括以下内容。

（1）对项目交付成果进行测试，可以进行 α 测试、β 测试等各种类型的测试。

（2）检查各项指标，验证并确认项目交付成果满足客户的要求。

（3）对客户进行系统的培训，以满足客户了解和掌握项目结果的需要。

（4）安排后续维护和其他服务工作，为客户提供相应的技术支持服务，必要时另行签订系统的维护合同。

（5）签字移交。软件项目一般都有一个维护阶段，在项目签字移交之后，按照合同的要求，开发方还必须为系统的稳定性、系统的可靠性等负责。在试运行阶段为客户提供全面的技术支持和服务。

2. 项目清算

对不能成功结束的项目，要根据情况尽快终止项目、进行清算。在进行项目清算时，主要的依据和条件如下。

（1）项目规划阶段已存在决策失误，例如，可行性研究报告依据的信息不准确，市场预测失误，重要的经济预测有偏差等诸如此类的原因造成项目决策失误。

（2）项目规划、设计中出现重大技术方向性错误，造成项目的计划不可能实现。

（3）项目的目标与组织目标已无法保持一致。

（4）环境的变化改变了对项目产品的需求，项目的成果已不适应现实需要。

（5）项目范围超出了组织的财务能力和技术能力。

（6）项目实施过程中出现重大质量事故，项目继续运作的经济或社会价值基础已经不复存在。

（7）项目虽然顺利进行了验收和移交，但在软件运行过程中发现项目的技术性能指标无法达到项目设计的要求，项目的经济或社会价值无法实现。

（8）项目因为资金或人力无法近期到位，并且无法确定可能到位的具体期限，使项目无法进行下去。

项目清算仍然要以合同为依据，项目清算程序如下。

（1）组成项目清算小组：主要由投资方召集项目团队、工程监理等相关人员。

（2）项目清算小组对项目进行的现状及已完成的部分，依据合同逐条进行检查。对项目已经进行的、并且符合合同要求的，免除相关部门和人员责任；对项目中不符合合同目标的，并有可能造成项目失败的工作，依合同条款进行责任确认，同时就损失估算、索赔方案拟订等事宜进行协商。

（3）找出造成项目失败的所有原因，总结经验。

（4）明确责任，确定损失，协商索赔方案，形成项目清算报告，合同各方在清算报告上签字后生效。

（5）协商不成则按合同的约定提起仲裁，或直接向项目所在地的人民法院提起诉讼。

项目清算对于有效地结束不可能成功的项目，保证企业资源得到合理使用，增强社会的法律意识等都起到重要作用，因此，项目各方要树立依据项目实际情况，实事求是地对待项目成果的观念，如果清算，就应及时、客观地进行。

10.6.4　项目后评价

项目后评价（Post Project Evaluation）是指在项目已经完成并运行一段时间后，对项目的目的、执行过程、效益、作用和影响进行系统的、客观的分析和总结。对软件项目进行后评价，必须采用综合的方法对系统实现其目标的完成程度及对组织的影响程度进行评价。

1. 项目后评价的意义

（1）确定项目预期目标是否达到，主要效益指标是否实现；查找项目成败的原因，总结经验教训，及时有效反馈信息，提高未来新项目的管理水平。

（2）为项目投入运营中出现的问题提出改进意见和建议，达到提高投资效益的目的。

（3）后评价具有透明性和公开性，能客观、公正地评价项目活动成绩和失误的主客观原因，比较公正、客观地确定项目决策者、管理者和建设者的工作业绩和存在的问题，从而进一步提高他们的责任心和工作水平。

2. 项目后评价的方法

项目后评价的方法一般采取比较法，即通过项目产生的实际效果与决策时预期的目标比较，从差异中发现问题，总结经验和教训，提高认识。项目后评价方法基本上可以概括为 4 种。

（1）影响评价法。项目建成后测定和调研在各阶段所产生的影响和效果，以判断决策目标是否正确。

（2）效益评价法。把项目产生的实际效果或项目的产出，与项目的计划成本或项目投入相比较，进行盈利性分析，以判断当初决定投资是否值得。

（3）过程评价法。把项目从立项决策、设计、采购直至建设实施各程序的实际进程与原定计划、目标相比较，分析项目效果好坏的原因，找出项目成败的经验和教训，使以后项目的实施计划和目标的制定更加切合实际。

（4）系统评价方法。将上面 3 种评价方法有机地结合起来，进行综合评价，才能取得最佳评价结果。

3. 项目后评价程序

软件项目后评价由谁来承担，根据项目规模等实际情况而定，可能包括以下步骤。

（1）接受后评价任务，签订工作合同或评价协议（第三方），以明确各自在后评价工作中的权利和义务。

（2）成立后评价小组，制订评价计划。后评价计划必须说明评价对象、评价内容、评价方法、评价时间、工作进度、质量要求、经费预算、专家名单、报告格式等。

（3）设计调查方案，聘请有关专家。调查是评价的基础，调查方案是整个调查工作的行动纲领，它对于保证调查工作的顺利进行具有重要的指导作用。

（4）阅读文件，收集资料。评价小组应组织专家认真阅读项目文件，从中收集与未来评价有关的资料。如项目的建设资料、运营资料、效益资料、影响资料，以及国家和行业有关的规定和政策等。

（5）开展调查，了解情况。在收集项目资料的基础上，为了核实情况、进一步收集评价信息，必须去现场进行调查。一般来说，去现场调查需要了解项目的真实情况，包括项目自身的建设情况、运营情况、效益情况、可持续发展及对周围地区经济发展的作用和影响等。

（6）分析资料、形成报告。在阅读文件和现场调查的基础上，要对已经获得的大量信息进行消化吸收，形成概念，写出报告。报告包括的内容有：项目的总体效果如何，是否按预定计划建设或建成，是否实现了预定目标，投入与产出是否成正比例函数关系，项目的影响和作用如何，项目的可持续性如何，项目的经验和教训如何，等等。

（7）提交后评价报告、反馈信息。后评价报告草稿完成后，送项目评价执行机构高层领导审查，并向委托单位简要通报报告的主要内容，必要时可召开小型会议研讨有关分歧意见。项目后评价报告的草稿经审查、研讨和修改后定稿。正式提交的报告应有《项目后评价报告》和《项目后评价摘要报告》两种形式，根据不同对象上报或分发这些报告。

对后评价报告的编写要求如下。

（1）后评价报告的编写要真实反映情况，客观分析问题，认真总结经验。为了让更多的单位和个人受益，评价报告的文字要求准确、清晰、简练，少用或不用过分专业化的词汇。评价结论要与未来的规划和政策的制定联系起来。为了提高信息反馈速度和反馈效果，让项目的经验教训在更大的范围内起作用，在编写后评价报告的同时，还必须编写并分送后评价报告摘要。

（2）后评价报告是反馈经验教训的主要文件形式，为了满足信息反馈的需要，便于计算机输入，后评价报告的编写需要有相对固定的内容格式。被评价的项目类型不同，后评价报告所要求书写的内容和格式也不完全一致。

10.7　案例研究

案例一　不可轻视的项目交接验收

A公司建设了一个办公自动化系统，由于当时A公司自身并不具备直接管理和维护该系统的经验和能力，便聘用专业机构的F公司负责系统的维护管理工作。由于F公司是以低价中标的，因而财务压力很大，在实际管理运作中经常不按规程操作，对管理成本进行非正常压缩，造成系统不能正常发挥作用，办公效率和质量受到影响。随即A公司决定提前一年终止委托合同，自己组建信息中心接管该系统。项目交接时双方分别就项目现状进行了逐项检查和记录，在检查到统计报表模块时，因为数据不全，条件不具备，在粗略看过演示后，接收人员便在"一切正常"的字样下签了名。在接下来的系统运行中，发现该模块的功能根本不能适应办公的需要，无法根据业务需要生成统计报表，需要重新开发。F公司要求A公司支付约定的提前终止委托管理的补偿费用，而A公司则认为F公司在受委托期间未能正常履行其管理职责，造成系统不能满足使用需求，补偿费用要扣除相当部分。这时F公司的律师出场了，手里拿着有A公司工作人员"一切正常"签字的交接验收记录的复印件向 A 公司提出了法律交涉。

【案例问题】

1. A 公司的做法是否正确？请说明理由。

2. 项目移交与项目验收的工作对整个项目管理的作用是什么？

3. 如果你是该项目的项目经理，你认为项目的验收和收尾阶段的工作应具体包括哪些？

案例二 软件项目管理中的放弃艺术

某公司的总经理近来正在学习项目管理的课程，通过学习他知道了"如何确保项目成功的策略和方法"，但他来学习的真正目的是想知道：什么时候、由谁来决定放弃一个不成功的项目才不至于损失更大？

经了解，该公司正在研发一套 CRM 管理软件，该项目已经持续快两年了，最初是因为一家电器零售行业客户的需求驱动的，后来又争取到国家创新基金的支持，公司就决定以电器零售业为原型投入研发力量做 CRM 产品。原计划 9 个月时间发版的产品，结果一年多才将第一版交给原型客户试用。试用期间产品不稳定，客户意见很大，难以交付。研发经理每次给总经理汇报时都说解决了某一问题就可以了，研发部就加班加点搞攻坚战解决问题，结果这个问题终于解决了，却遗憾地发现新的问题又出现了，产品还是不稳定，客户抱怨依旧。如此反复，项目陷入怪圈。不仅如此，公司市场部门很早就为该软件做了强大的市场宣传，当时 CRM 概念在国内刚刚兴起，赶时髦的企业不少，销售部在产品还不能演示的情况下就卖了好几套（据老板讲他们也是迫不得已卖的，不然公司没有资金再支持研发了）。于是，几个客户同时实施，研发部全体成员穿梭于几个项目之间来回救火，根本顾不上产品的继续升级，公司陷入骑虎难下的尴尬局面。当总经理想到要停止项目的时候，财务部出具了一份报告，该项目已经先后投进去 500 万元，还有三四个不能验收的合同。

通常出现以下几种情况时，项目必须及时放弃，即所谓的硬风险。

（1）需求发生重大变化

一般项目在启动的时候都要进行机会选择、可行性分析、盈亏平衡分析和敏感性分析，当市场环境发生变化时，例如，市场增长缓慢，需求下降；外来竞争者入侵，竞争地位下滑等重大影响时，就算项目能够完好交付，但前期的投入和需要继续的投入已经很难收回，项目就应该果断放弃。另外，用户需求的变更和蔓延是项目建设过程中最大的风险之一，这一点业界已普遍形成共识。但实际上当客户需求重大变多或不断蔓延时，大多数项目经理却采取了妥协的态度，因为客户是上帝，要保全双方的体面和所谓的战略合作关系，只能忍气吞声，勉强坚持。需求的蔓延导致工期一再推迟和投资一再追加，到头来项目被拖垮，项目经理像温水里的青蛙，逐渐会被煮死。

（2）合作方出现重大问题

大型项目往往是跨组织协作完成的，所以项目管理也涉及多组织的项目管理。成功的项目应该能够达成所有项目干系人的满意，但现实的项目却不尽然。例如，项目的主要供货商出现问题，导致项目质量、进度难以保障或资金严重超出预算等。所以，项目经理要时刻警惕上下游合作方的变化，及时识别风险，论证项目是否能够继续，必要时要断然放弃项目。

（3）核心技术问题难以解决或技术落后

如上述的 CRM 项目，研发人员解决不了技术问题或项目中途发现技术路线型错误，这种情况下如果硬撑下去大多不会有好的结果。还有部分高新技术项目，技术发展非常快，如果项目周期长一些的话，就可能出现项目中途发现技术路线型错误，这种情况下如果硬撑下去大多不会有好的结果。还有部分高新技术项目，技术发展非常快，如果项目周期长一些的话，就可能出现项目所采用的技术已经落后，无法再继续下去的情况。

（4）后续资金缺乏

因为后续资金缺乏导致的烂尾工程不胜枚举。因为放弃便意味着前期的投资血本无归，继续则实在力不从心。问题是这类项目往往要等到投资者把口袋里的最后一分钱投入进去后，才迫不得已放弃，这就是不懂得放弃的艺术。

（5）企业战略调整

市场因素决定企业的战略，企业战略决定企业资源的配置，因为资源配置的策略的改变放弃一些项目也是经常发生的事情。一些企业的信息管理系统，在建成之后适逢领导班子调整或企业流程重组，这就是不合时宜。适应企业管理变革的需要是 IT 项目的一个特点，不少企业的 ERP 项目因管理策略变革产生重新实施的需求，这也是今年以来出现的软件服务比软件产品更有市场的深层原因。

虽然多数项目经理具有较强的风险意识，但真正风险大到了该放弃的时候，他们却缺乏放弃的勇气和魄力，因为惋惜前期的投入，所以不肯罢休，死马当作活马医，最终导致投资者流尽最后一滴血才被迫搁置。所以，保持敏锐的嗅觉，学会尽早放弃一个即将失败的项目，是项目经理不可或缺的一项能力。

美国 IBM360 操作系统总设计师 Frederick P.Brooks 在对 IBM360 操作系统失败的总结中指出："大型软件项目开发犹如一个泥潭，项目团队就像很多大型和强壮的动物在其中剧烈地挣扎，投入得越多，挣扎得越凶，陷入得越深。"因此，在项目管理中，及时放弃一个即将失败的项目，比顺利建设一个项目更为重要。即将失败的项目每多延续一天就意味着多一份投资化为乌有，项目的投资者必须意识到止血比健身更重要！学会放弃、及时放弃是项目管理中容易被忽视却至关重要的课题。

这种问题的解决之道只能是对项目不断评审和动态论证，及时发现各类变化因素对项目的影响程度，识别项目风险，只有这样才能做到决策及时，最大限度减少投资者的损失。IBM 的集成产品开发（Intergrated Product Developmet，IPD)模式即通过一系列的跨部门评审来确保此类问题及时发现，及时决策。IBM 的经验指出，实施 IPD 的显著效果之一就是花费在中途废止项目上的费用明显减少。

【案例问题】

1. 案例中的 CRM 系统出了什么问题？

2. 你认为这个项目是否应该放弃？请说明理由。

3. 你认为怎样做才能防止本案例的问题出现。

4. IBM360 操作系统的失败给我们什么启示？

习题与实践

一、习题

1. 为什么要强调软件项目的变更管理？变更对于软件项目成功的影响有哪些？

2. 简述项目收尾工作的重要性。

3. 简述软件项目验收工作的主要内容。

4. 为什么在项目收尾阶段要对项目验收的范围进行确认？

5. 什么是项目交接？简述项目交接与项目清算之间的关系。

6. 软件项目的移交包括哪些内容？

7. 项目前期评价与后评价的区别是什么？项目后评价的主要范围与内容是什么？

二、实践

1. 分析著名 IT 企业是如何建立有效的变更控制系统的？变更控制委员会的作用和可采取的行动有哪些？

2. 查找目前常用的项目管理软件，分析比较这些项目管理软件是如何把现代软件项目管理的主要技术和方法整合在一起的？

用 Visio 制作软件项目相关图形

背景介绍：在软件项目管理中，通常需要使用建模工具绘制各种图形，比如项目网络图、WBS 结构图、组织结构图、控制流程图、各种分析图和模型图等。Microsoft Office Visio（简称 MS Visio）是目前最优秀的绘图软件之一，其强大的功能和简单操作性的特征受到广大用户的青睐，已被广泛地应用于软件设计、项目管理、企业管理等众多领域。使用 MS Visio 可以非常方便和快捷地绘制软件项目管理过程中的各种图形。

实验工具：MS Visio 2007 简体中文版

实验内容：

1. 安装 MS Visio 2007。

2. 熟悉 MS Visio 2007 的使用，包括菜单、工具条、内置的各种模板、模具和形状。

3. 使用 MS Visio 分别绘制本书中的 WBS 结构图（见图 2-2）、组织结构图（见图 6-5）、风险分解结构图（见图 8-1）、项目网络图（见图 3-5），控制流程图、挣值分析图（见图 4-5）、决策树分析图（见图 8-4）、沟通模型图（见图 7-2）等。

实验二
用 Project 编制软件项目进度计划表

背景介绍：MicroSoft Project 是一个功能强、使用广的项目计划和管理工具，它可以帮助我们获取项目计划所需的信息，估算和控制项目的工时、日程、资源和财务。它还可以设置对项目工作组、管理和客户的现实期望，以制定日程、分配资源和管理预算等。在软件项目管理中，Project 常用于分解活动，活动排序、编制项目进度计划和资源分配等。

实验工具：Project 2007 简体中文版

实验背景：某校的教务系统开发背景说明。

1. 系统功能：教务系统、邮件系统。

2. 使用平台：Windows 操作系统、SQL Server 数据库、C#开发工具。

3. 资源名称：项目经理施不全、项目助理黄天霸、系统管理员赵璧、网络工程师张景龙、项目组成员钱亮、贾明、李伟、刘志伟、林海等。

4. 约束与假设：开发环境网络设备需要重新布置，购买两台服务器。设备订货后需要 1 个月才能到货，培训需要在系统安装后进行。

5. 项目开发时间：2015 年 11 月 23 日至 2016 年 7 月 30 日。

6. 系统开发的 WBS 图如下：

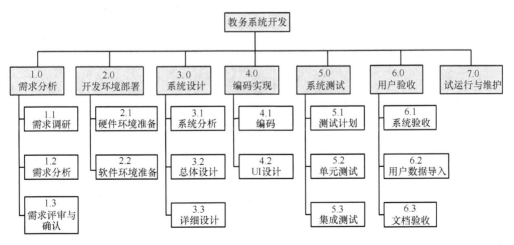

实验内容和步骤：

1. 安装 Project 2007，并熟悉 Project 2007 的使用，包括菜单、工具条、内置的各种模板和元素。

2. 基于上述 WBS 建立项目活动，活动层级共分为三层。

3. 建立项目资源表（包括人员和电脑设备，并对资源分组），创建活动甘特图时从资源表中选择。

4. 按项目开发时间进行各活动的历时估计（起止时间）。

5. 明确各活动的关系（活动排序）。

6. 充分利用"备注"栏信息，对活动进行说明。

7. 绘制项目进度计划图（甘特图、里程碑图等）。

实验三
综合实训

实训名称：××软件项目开发管理。

实训目标：以某个具体软件项目开发为依托，系统掌握软件项目管理过程和方法，并亲身实践团队合作和沟通。

实训工具：Visio 和 Project。

内容和步骤：

1. 4～6 人组成一个项目团队，一个项目经理，其余为项目副经理。

2. 自选软件项目（例如：高校毕业生就业信息网建设项目），紧密结合所选软件项目，进行项目开发管理，包括范围管理、进度管理、成本管理、质量管理、团队和沟通管理、风险管理等内容。

3. 每组提交一份项目开发管理报告，报告主要包括如下内容：项目章程、系统分析和设计，WBS 分解，活动历时和资源估算、进度安排、成本估算、质量保证计划、风险分析和应对、沟通和冲突管理计划、变更控制方法等。

项目管理的 72 个可交付成果
（基于 PMBOK）

成果名称	内容	来自	用于
事业环境因素	组织文化、政府法规、行业标准、市场条件、工作授权系统、商业数据库、项目管理信息系统等	外部现有	启动、规划、执行过程组
组织过程资产	流程与程序（模板）、共享知识库（项目档案、配置管理知识库）、合同类型（固定、成本补偿、时间材料合同）等	组织自身积累	启动、规划、执行、收尾过程组，并在控制、收尾被不断更新
项目工作说明书（SOW）	对项目所需交付的产品或服务的叙述性说明，包括业务需求、产品范围描述、战略计划等	项目发起人、客户	制定项目章程
商业论证（可研报告）	商业论证或类似文件，能从商业角度提供必要的信息，决定项目是否值得投资	商业分析师编写、发起人来认可、项目发起组织定期审核	制定项目章程
协议	协议包括合同、谅解备忘录、协议书、意向书、服务品质协议、口头、Email 或书面协议等	项目发起人、客户	制定项目章程
采购合同	买卖双方签订的，具有法律效力的文件	采购实施	制定预算、采购控制
项目章程	包括项目目的、项目目标、假设、制约要素、项目经理的职责与权力等，用来批准项目启动	制定项目章程	制定项目管理计划、风险管理规划、干系人识别
项目管理计划	基准（范围、进度、成本）、各种管理计划、生命期和管理过程定义、配置、变更管理计划等	制定项目管理计划	用于所有的执行和控制、收尾过程
项目文件	项目各方面的内容	规划过程组	质量保证、风险识别、干系人参与控制
可交付成果	项目某阶段、过程、或完成时产生的文档以及最终产品、服务或成果，这些可交付物是独特的、可验证的、可有形也可无形	项目执行指导与管理	质量控制

续表

成果名称	内容	来自	用于
核实的可交付成果	经过核实的可交付成果	质量控制	范围核实
验收的可交付成果	经过用户验收的可交付成果	范围核实	项目收尾管理
最终产品、服务或成果	项目结束后的可交付成果	项目收尾管理	给客户
工作绩效数据	从执行中收集的原始观察结果和测量值，是最底层的细节	项目执行指导与管理	范围核实、范围控制、进度控制、成本控制、沟通控制、风险控制、干系人参与控制
工作绩效信息	对数据结合背景分析后，用来作为决策的基础	控制过程组（除项目工作监控之外）	项目工作监控
工作绩效报告	为了决策、采取行动而汇编工作绩效信息形成的实物或电子文档	项目工作监控	团队管理、沟通管理、风险控制、采购（卖方的）控制
变更请求	纠正、预防措施、缺陷补救、更新等	所有的执行和控制	项目整体变更控制
批准的变更请求	经过变更委员会批准的变更请求	项目整体变更控制	项目执行指导与管理、质量控制
变更日志	记录项目过程中出现的变更，包括否决的变更	项目整体变更控制	项目工作监控、干系人期望管理
确认的变更请求	对变更过的对象进行检查，做出接受或拒绝的决定，并通知干系人	质量控制	项目工作监控
范围管理计划	描述将如何定义、制定、监督、控制和确认项目范围	范围管理规划	制定项目管理计划、范围管理
需求管理计划	描述将如何分析、记录和管理需求	范围管理规划	需求收集
干系人登记册	干系人基本信息、评估信息、干系人分类	干系人识别	需求收集、质量管理规划、沟通管理规划、风险管理规划、风险识别、采购管理规划、干系人管理规划
干系人管理计划	项目管理计划组成部分，为有效调动干系人参与而规定所需的管理策略	干系人管理规划	需求收集、干系人管理
需求文件	业务需求、干系人需求、解决方案需求、项目需求、相关假设、依赖和制约因素等	需求收集	范围定义、WBS 创建、范围核实、质量管理规划、采购管理规划
需求跟踪矩阵	业务需要、机会、目标、成果、设计、开发、测试等	需求收集	范围核实
项目范围说明书	产品范围、项目成果、验收标准、项目除外责任、假设、制约要素等	范围定义	WBS 创建、活动排序、活动历时估算、制定进度计划、风险管理规划、风险定性分析

成果名称	内容	来自	用于
工作分解结构 WBS	以交付成果为导向的工作层级分解结构	WBS 创建	
WBS 词典	WBS 详细描述	WBS 创建	
范围基准	是项目管理计划的一部分，包括 WBS、WBS 词典、范围说明书等，需经过批准	WBS 创建	活动定义、成本估算、预算制定、风险识别、风险定性分析
进度管理计划	项目进度模型制定、维护、准确度、控制临界值、绩效测量规则、组织程序链接、计量单位等	进度管理规划	活动定义、活动排序、活动资源估算、活动历时估算、制定进度计划、风险识别、风险定量分析
活动清单	为产生项目可交付成果所有必要的活动	活动定义	活动排序、活动资源估算、活动历时估算、制定进度计划
活动属性	所有活动的详细描述	活动定义	活动排序、活动资源估算、活动历时估算、制定进度计划
里程碑清单	项目重要时点，历时为零	活动定义	活动排序
项目进度网络图	展示项目活动之间的逻辑关系	活动排序	制定进度计划
资源日历	哪些资源可用、什么时间可用、能用多长时间	团队组建、采购实施（记载签约资源的可用性）	活动资源估算、活动历时估算、制定进度计划、制定预算、团队建设
活动资源需求	每个工作包需要的资源类型和数量	活动资源估算	活动历时估算、制定进度计划、人力资源管理规划、采购管理规划
资源分解结构	按资源类别（人、财、物）和类型（水平、等级）划分的资源层级结构	活动资源估算	制定进度计划
风险登记册	包括风险清单、分析和应对规划的结果，有 5 个版本：开始、定性分析、定量分析、应对以及控制后的版本	风险识别	活动历时估算、制定进度计划、成本估算、制定预算、质量管理规划、风险定性和定量分析、风险应对、风险控制、采购管理规划
活动历时估算	完成某项活动所需工时数，不包括滞后，一般有个浮动区间	活动历时估算	制定进度计划、风险识别
项目人员分派	明确分派到每个活动的资源	团队组建	制定进度计划
进度基准	经过批准的进度模型，用于比较实际进度，是项目管理计划的一部分	制定进度计划	

续表

成果名称	内容	来自	用于
项目进度计划	表现形式有里程碑、横道图、网络图等	制定进度计划	进度控制、成本估算、制定预算、采购管理规划
进度数据	资源需求、备选进度计划、进度应急储备	制定进度计划	进度控制
项目日历	规定可以开展进度活动的工作日和工作班次	制定进度计划	进度控制
成本管理计划	描述如何规划、安排和控制成本，有计量单位、精确度、准确度、组织程序链接、控制临界值、绩效测量规则等	成本管理规划	成本估算、制定预算、风险识别、风险定量分析
人力资源管理计划	角色和职责、项目组织图、人员配备管理计划（来、去、培训、资源日历、奖励与认可方案等）	人力资源管理规划	成本估算、团队组建、团队建设、团队管理、风险识别
活动成本估算	完成工作可能需要的成本数量	成本估算	制定预算、风险识别、采购管理规划
估算依据	估算的依据、范围、假设、制约因素、估算准确区间	成本估算	制定预算
成本基准	批准后的按时间段分配的成本预算，不包括管理储备（加上管理储备叫项目预算）	制定预算	制定项目管理计划
项目资金需求	说明总资金需求、来源，以增量方式获得，等于成本基准加管理储备	制定预算	成本控制
成本预测	完工成本估计 EAC 和完工尚需成本估计 ETC	成本控制	
质量管理计划	说明如何执行质量政策，是项目管理计划的一部分	质量管理规划	质量保证、质量控制、风险识别
过程改进计划	说明过程分析的步骤，识别增值的活动，是项目管理计划的一部分	质量管理规划	质量保证
质量测量指标	具体地描述产品属性以及如何测量	质量管理规划	质量保证、质量控制
质量核对单	一种结构化工具，列出条目进行检查	质量管理规划	质量控制
质量控制测量结果	质量控制的成果	质量控制	质量保证
项目人员分派	项目团队名录、致团队成员的备忘录	团队组建	团队建设、团队管理
团队绩效评估	个人技能、团队能力、凝聚力提升、离职率下降	团队建设	团队管理
问题日志	随着新问题的出现和老问题的解决而更新	干系人期望管理	团队管理、沟通控制、干系人参与控制
沟通管理计划	描述将如何对项目沟通进行规划、结构化和监控	沟通管理规划	沟通管理、干系人期望管理

成果名称	内容	来自	用于
项目沟通	包括创建、分发、接收、告知收悉和理解信息所需的活动	沟通管理	沟通控制
风险管理计划	方法论、角色与职责、预算、风险类别（RBS）、时间安排、风险概率与影响定义、干系人承受力、报告、跟踪等	风险管理规划	风险识别、风险定性和定量分析、风险应对
采购管理计划	采用的合同类型、如何编制独立估算、采购文件、如何做自制外购决策，说明如何采购等	采购管理规划	采购实施
采购工作说明书（SOW）	详细描述拟采购的产品、服务或成果，以便潜在卖方确定是否有能力。详细程度看采购品性质、买方的需要、拟用合同类型而定	采购管理规划	采购实施
采购文件	招标书包括技术和商务两部分，用来获得投标书/建议书或报价单	采购管理规划	识别风险、实施采购、采购控制、采购结束管理、干系人识别
供方选择标准	可以是主观的也可以是客观的，质量和价格是重要标准	采购管理规划	采购实施
自制或外购决策	自制或外购决定	采购管理规划	
合格卖方清单	根据卖方资质和以往经验，而预先筛选出来的卖方名单	组织过程资产	采购实施
卖方建议书	卖方用来投标的文件	潜在卖方	采购实施
选定的卖方	可与之商定合同草案	采购实施	
结束的采购	买方（采购管理员）向卖方发出关于合同已完成的正式书面通知	采购结束管理	

参考文献

[1] 美国项目管理协会 著. 许江林，译. 项目管理知识体系指南（PMBOK 指南）（第 5 版）.北京：电子工业出版社，2013.

[2] Harold Kerzner 著. 杨爱华等译. 项目管理—计划、进度和控制的系统方法. 第 7 版. 北京：电子工业出版社，2010.

[3] Jack Gido 和 James P. Clements 著，张金城等译. 项目管理核心资源库：成功的项目管理. 第 5 版. 北京：电子工业出版社，2012.

[4] 郭宁. IT 项目管理. 北京：清华大学出版社，2009.

[5] 夏辉，周传生. 软件项目管理. 北京：清华大学出版社，2015.

[6] 杨律青. 软件项目管理. 北京：电子工业出版社，2012.

[7] 贾经冬，林广艳. 软件项目管理. 北京：高等教育出版社，2012.

[8] 朱少民，韩莹. 软件项目管理. 北京：人民邮电出版社，2009.

[9] 任永昌. 软件项目管理. 北京：清华大学出版社，2012.

[10] 潘东，韩秋泉. IT 项目经理成长. 北京：机械工业出版社，2013.

[11] Vanita Bhoola. Impact of Project Success Factors in Managing Software Projects in India：An Empirical Analysis. Business Perspectives and Research，3(2)：109-125，July 2015.

[12] Vikram Singh. A Simulation-Based Approach to Software Project Risk Management. Asia Pacific Business Review，4(1)：59-63，2008.

[13] PMP 学习网 http://aliapp01.hellokittycn.com.

[14] 项目管理中联盟 http://www.mypm.com.

[15] 中国项目管理网 http://www.project.net.cn.

[16] 希赛网 http://www.csai.cn.

[17] IBM 研发网络 http://www.ibm.com/developerworks/cn.